Mauerverbände

Grundlagen, Verbandsregeln, Übungen

von Frank Pirke, Aichwald †
Uwe Weinschenk, Aichwald

14., durchgesehene Auflage

Vorbemerkungen

Zielsetzung dieses Arbeitsheftes ist es, die wichtigsten Regeln für den Mauerwerksbau zu vermitteln und durch Übungen anzuwenden.

Dieses Arbeitsheft ist einsetzbar
- in der Berufsschule,
- in überbetrieblichen Ausbildungszentren,
- in Ausbildungsbetrieben zur Unterstützung der Auszubildenden im Maurerhandwerk.

Es eignet sich jedoch auch zum Selbststudium.

Die Autoren

Inhaltsverzeichnis

ISBN 978-3-582-**70635**-5
Best. Nr. 3566
Schülerausgabe - 14. Auflage

ISBN 978-3-582-**03567**-7
Best. Nr. 3567
Lehrerausgabe mit Lösungen - XVII/ab der 13.Auflage

Verlag Handwerk und Technik GmbH, Lademannbogen 135, 22339 Hamburg; Postfach 63 05 00, 22331 Hamburg - 2020
E-Mail: info@handwerk-technik.de - Internet: www.handwerk-technik.de

Druckvorlagen: Ingenieurteam Kontny, 21109 Hamburg

Umschlagsfoto: Fotolia Deutschland, Berlin, © www.fotolia.de: (JFL Photography)

Druck und Weiterverarbeitung: Himmer GmbH Druckerei und Verlag, 86167 Augsburg

Die wichtigsten Werkzeuge und Geräte

Blatt-Nr.

Name: Klasse: Datum:

1) Messgeräte

Bezeichnung	Verwendung	Behandlung
Entfernungslaser 	Abmessen größerer Strecken	sorgfältige und schonende Behandlung, vor Herabfallen sichern
Bandmaß 	Abmessen größerer Strecken	nicht knicken, Bruchgefahr.
Rollmaß 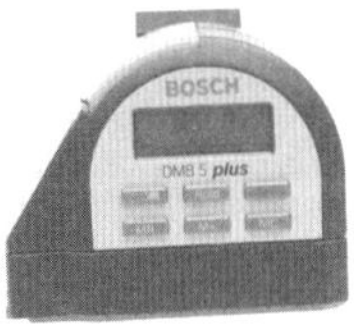	Abmessen kleinerer Strecken	nicht knicken, Bruchgefahr.
Gliedermaßstab 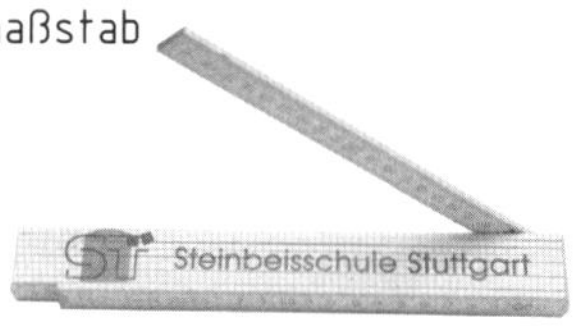	Abmessen kleinerer Strecken	Gelenke ölen, vor mechanischer Beanspruchung schützen
Wasserwaage 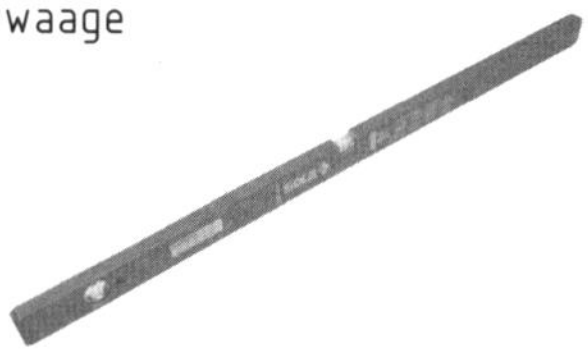	Überprüfen der Senkrechten und Waagerechten	vor Schlägen und Stößen schützen
Hochbaulaser 	Höhenübertragung mit Empfangsauge; Ausloten von Baufluchten, Festlegen von Fundament- und Mauerecken	sorgfältige und schonende Behandlung, vor Herabfallen sichern
Ausbaulaser 	Höhenübertragung mit sichtbarem Laserstrahl	sorgfältige und schonende Behandlung, vor Herabfallen sichern
Senklot, Hängelot 	Nachprüfen und Festlegen von lotrechten Kanten; Ausloten von Baufluchten, Festlegen von Fundament- und Mauerecken	Lot einölen, Schnur vor Nässe und Kalk schützen, immer auf Rundholz aufwickeln
Fluchtschnur 	Festlegen und Einhalten der Mauerflucht	Schnur vor Nässe und Kalk schützen, immer auf Rundholz aufwickeln

Die wichtigsten Werkzeuge und Geräte

Die wichtigsten Werkzeuge und Geräte		Blatt-Nr.
Name:	Klasse:	Datum:

2. Werkzeuge zum Mauern

Bezeichnung	Verwendung	Behandlung
Viereckkelle  Dreieckkelle 	Antragen des Mörtels beim Mauern, Anwerfen des Mörtels beim Putzen	Kellenblatt nach Gebrauch gründlich reinigen
Berliner Maurerhammer  Rheinischer Maurerhammer 	Schlagen von Teilsteinen, Einschlagen von Nägeln	Hammersitz kontrollieren, Finne von Zeit zu Zeit nachschleifen
Fugenkelle 	Ausfugen von Verblendmauerwerk	wie Maurerkelle
Maurerwinkel 	Anlegen von rechten Winkeln	wie Maurerkelle
Stechschaufel 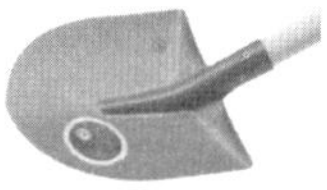	Einschaufeln von Gesteinskörnungen und losem Bindemittel in Transportgeräte	nach Gebrauch Stiel reinigen
Sandschaufel 	wie Stechschaufel	wie Stechschaufel
Mörtelkübel 	zur Entnahme des Mörtels mit der Kelle beim Mauern	nach Gebrauch reinigen
Wassereimer 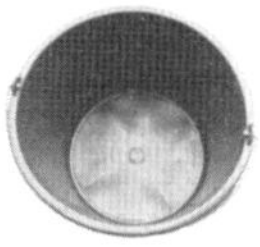	Transport kleinerer Mengen Wasser, Bindemittel, Gesteinskörnungen oder Mörtel	nach Gebrauch reinigen
Baukarre 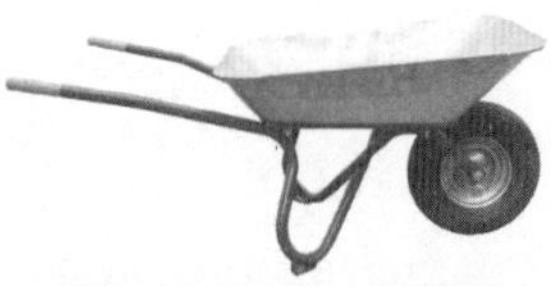	Transport von Baumaterial	nach Gebrauch reinigen

Steinmaße

Name:	Klasse:	Datum:

Blatt-Nr.

Allgemeines

a) Vorzugsgrößen

Bezeichnung	Maße in cm		
	Länge	Breite	Höhe
1 DF (Dünnformat)	24	11,5	5,2
NF (Normalformat)	24	11,5	7,1
2 DF	24	11,5	11,3
3 DF	24	17,5	11,3

Bei der Formatbezeichnung der einzelnen Steine geht man vom Dünnformat aus, weil diese Bezeichnungen überschaubarer sind.

b) weitere Formate

	Bezeichnung	Maße in cm		
		Länge	Breite	Höhe
Mittelformate	3 DF	24	17,5	11,3
	4 DF	24	24	11,3
	5 DF	30	24	11,3
	6 DF	36,5	24	11,3
Großformate	8 DF	24	24	23,8
	10 DF	24	30	23,8
	12 DF	24	36,5	23,8
	14 DF[1)]	42,5	24	23,8
	15 DF	36,5	30	23,8
	16 DF	49	24	23,8
	18 DF	36,5	36,5	23,8
	20 DF	49	30	23,8
	21 DF[1)]	42,5	36,5	23,8

Bezeichnungen

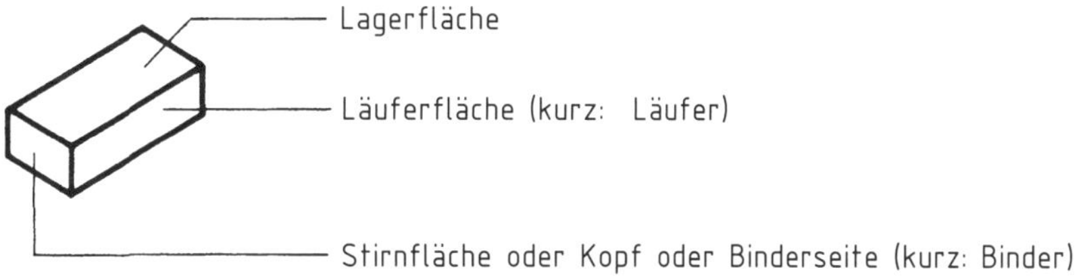

Teilsteine des NF

Die Verbandsregeln zwingen uns, Teilsteine maßgerecht zu schlagen. Daher müssen wir in der Lage sein, ihre Längen genau zu berechnen.
Bei der zeichnerischen Darstellung erhalten die Teilsteine besondere Symbole.

halber Stein

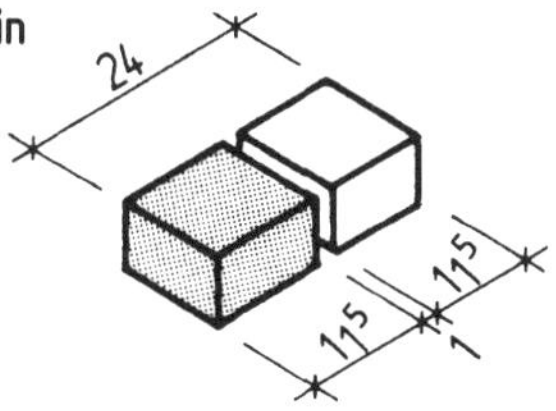

Berechnung: 24 cm – 1 cm (Fuge) = 23 cm

$\frac{23}{2}$ cm = 11,5 cm

Symbol: 

Viertelstein

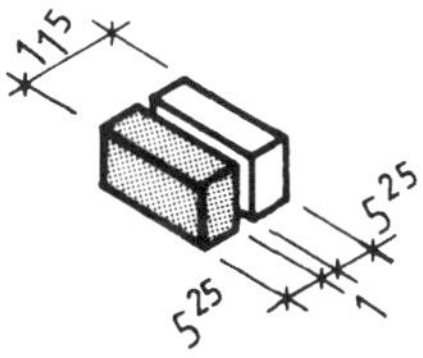

Berechnung: 11,5 cm – 1 cm = 10,5 cm

$\frac{10,5}{2}$ cm = 5,25 cm

Symbol: 

Dreiviertelstein

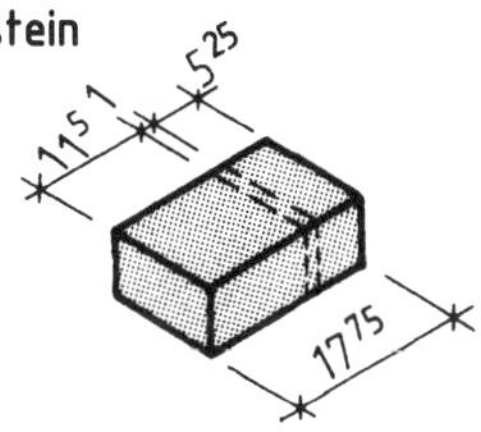

Berechnung: 11,5 cm + 5,25 cm + 1 cm = 17,75 cm

Symbol: 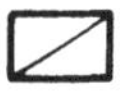

Maßordnung im Hochbau

Allgemeines

Bei der Maßordnung im Hochbau geht man von dem kleinsten Maß des Mauerziegels (Normalformat) aus, dem Kopfmaß oder Binder von 11,5 cm plus 1 cm Fuge. So entsteht das Grundmaß von 11,5 cm + 1 cm = 12,5 cm, das gleichzeitig ein Achtel eines Meters ist. Daher bezeichnet man die 12,5 cm auch als **A**chtel-**m**eter, abgekürzt **am**.

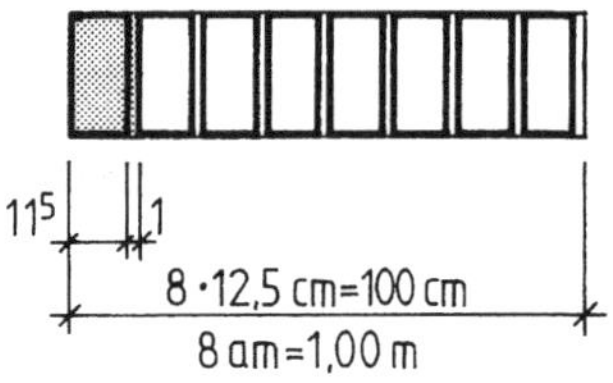

Jedes Mauermaß sollte ein Vielfaches von 1 **am** sein, denn auch die unterschiedlichen Steingrößen bauen auf diesem Maß auf, sodass verschiedene Steingrößen miteinander kombinierbar sind.

Bei den Maßen unterscheidet man das

- Rohbaurichtmaß, das ein Vielfaches des Achtelmeters ist, sowie das
- Nennmaß, das aus dem Rohbaurichtmaß berechnet wird und das die endgültige Größe des Bauteils angibt.

Hinweis: In den Bauzeichnungen werden die Maße wie folgt geschrieben:

Meter, z. B. 3 m	3,00
Zentimeter, z. B. 24 cm	24
Millimeter, z. B. 5 mm	36^5

Berechnungen

Außen- oder Pfeilermaße

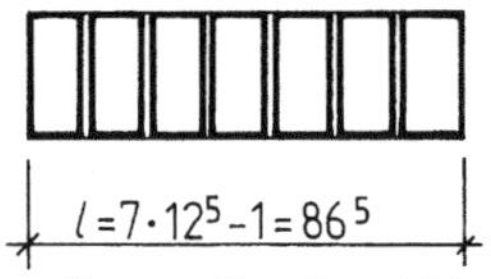

- Nennmaß = Baurichtmaß − 1 cm

  $l = n^{1)} \times 12{,}5 \text{ cm} - 1 \text{ cm}$

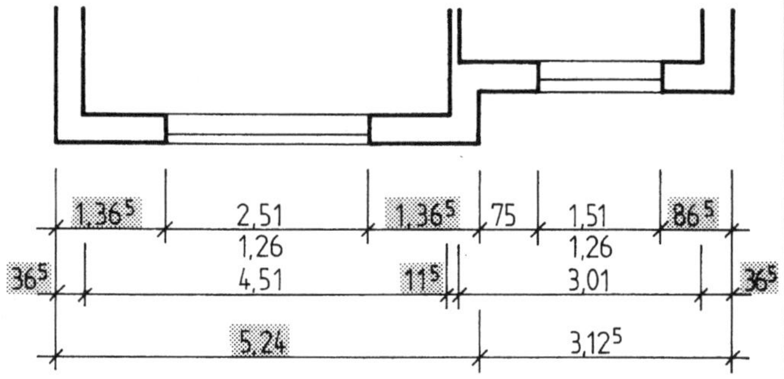

praktische Anwendung: Hausaußenmaße
Wanddicken
Pfeilermaße
Maße zwischen Öffnungen

Anbau- oder Vorlagenmaße

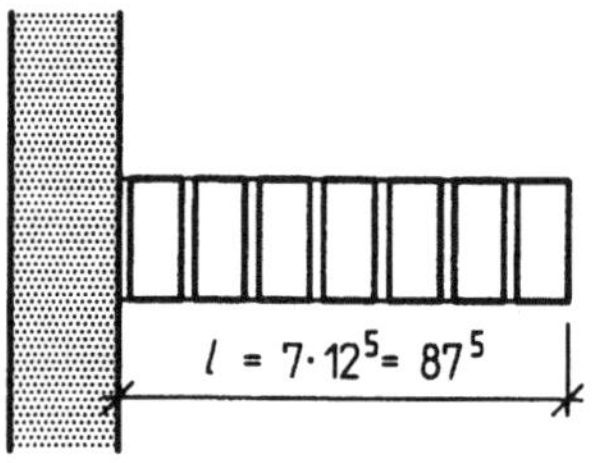

- Nennmaß = Baurichtmaß

  $l = n^{1)} \times 12{,}5 \text{ cm}$

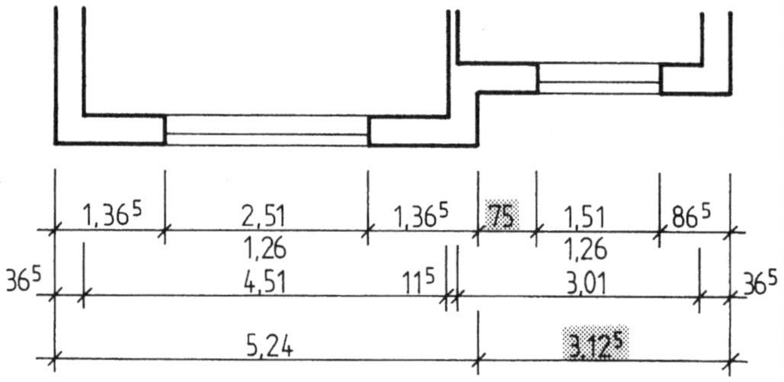

praktische Anwendung: Maße von Anbauten
Maße von Mauervorsprüngen
Maße von Wand bis Öffnung

Innen- oder Öffnungsmaße

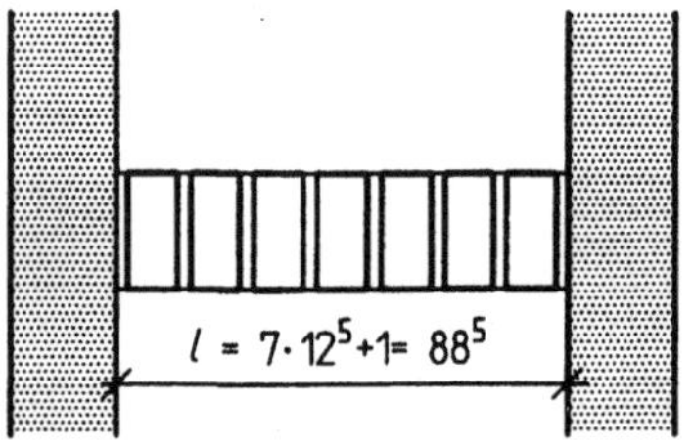

- Nennmaß = Baurichtmaß + 1 cm

  $l = n^{1)} \times 12{,}5 \text{ cm} + 1 \text{ cm}$

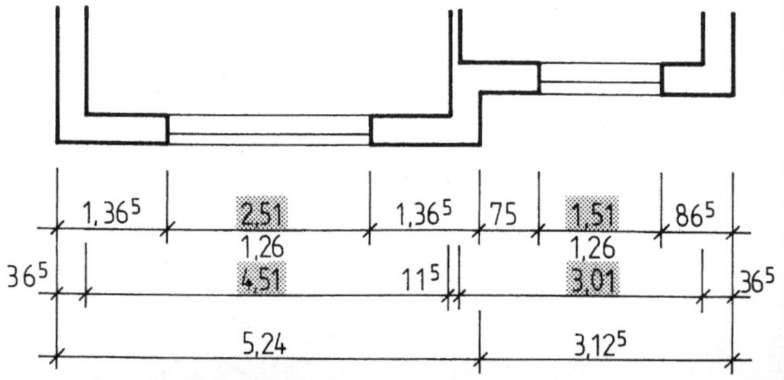

praktische Anwendung: Raummaße
Maße von Öffnungen

$^{1)}$ n = Anzahl der Köpfe

Maßordnung im Hochbau

Blatt-Nr.

Name: Klasse: Datum:

Aufgabe 1 Geben Sie zu den **am** die Rohbaurichtmaße und Nennmaße an.

Bauteil	am	Rohbaurichtmaß	Nennmaß	
Türöffnung	7			
Nische	4			
Pfeiler	3			
Mauervorsprung	2			
Fensteröffnung	12			
Vorlage	6			
Türöffnung	6			

Aufgabe 2 Bemaßen Sie entsprechend den vorgegebenen **am**. (Hinweis: Es sind die Nennmaße einzutragen.)

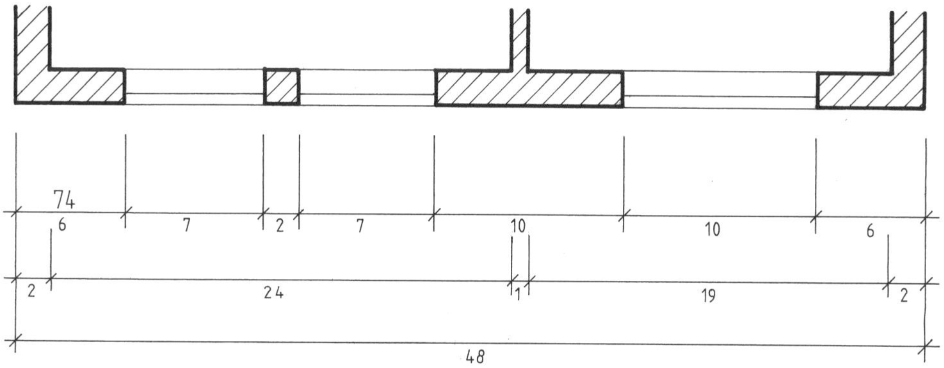

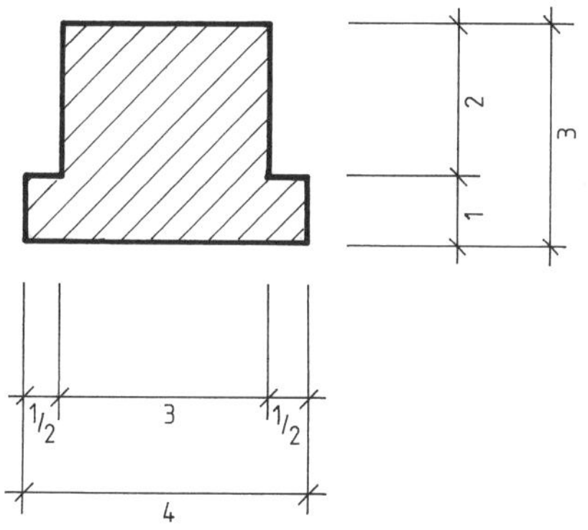

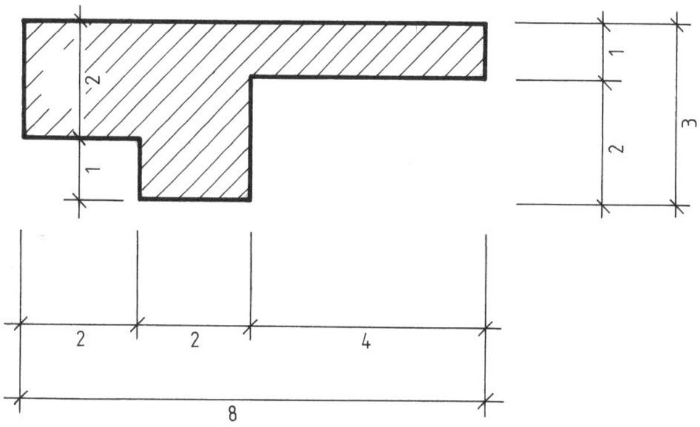

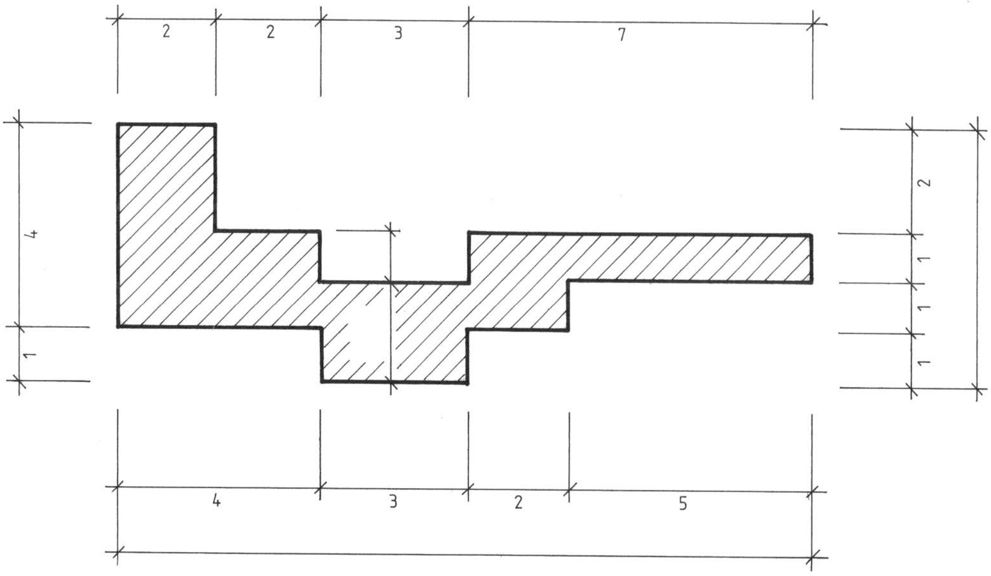

Erdgeschossgrundriss eines Einfamilien-Reihenhauses (unmaßstäblich verkleinert)

Aufgabe Die Maße sind in **am** angegeben. Tragen Sie auf die Maßlinien die entsprechenden Nennmaße ein.

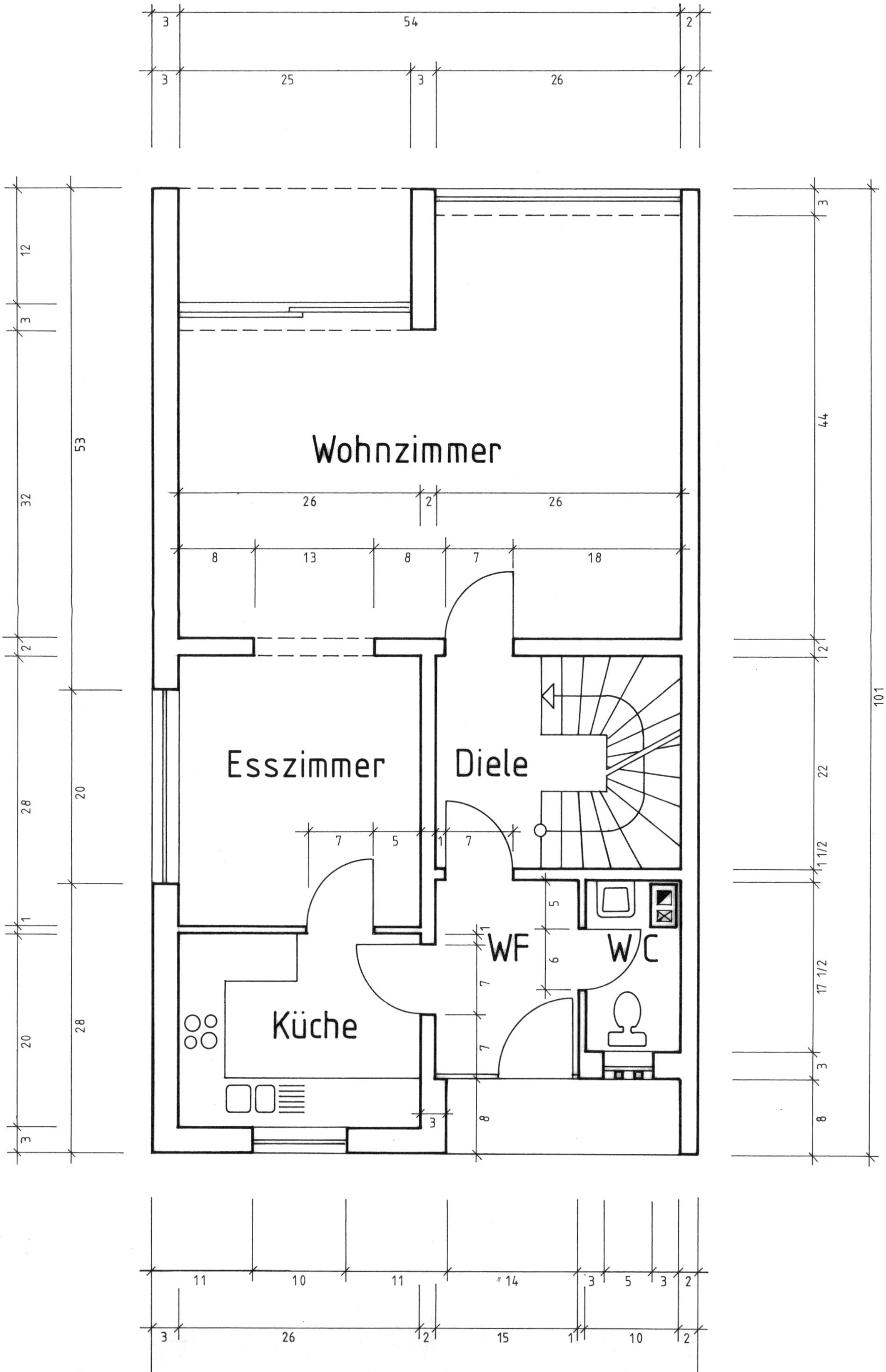

Verbände: Grundlagen

Verbände: Grundlagen		Blatt-Nr.
Name:	Klasse:	Datum:

Begriff

Das handwerksgerechte Zusammenfügen der Mauerziegel zum Mauerwerk nennt man Mauerverband. Sinn des Mauerverbandes ist es, Lasten und Kräfte gleichmäßig im Mauerkörper zu verteilen.

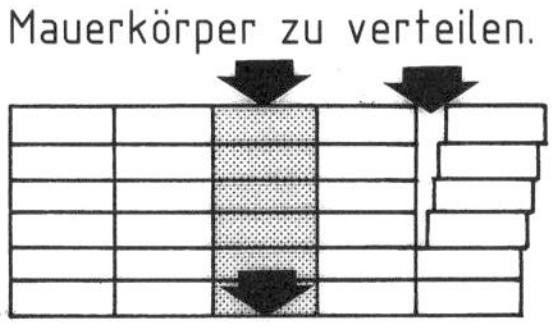
ohne Verband

mit Verband

Grundregeln

- Die Lagerfuge muss waagerecht sein und durch die ganze Mauer verlaufen.

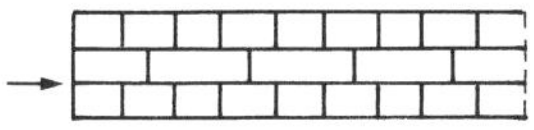

- Läufer- und Binderschicht wechseln regelmäßig miteinander ab (ab 24 cm dickem Mauerwerk).

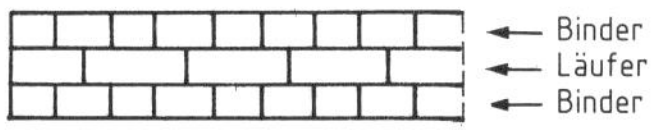

- Es darf nie Stoßfuge auf Stoßfuge treffen. Dies ergibt in der Ansicht eine Kreuzfuge.

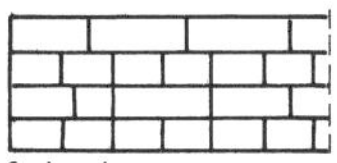
falsch

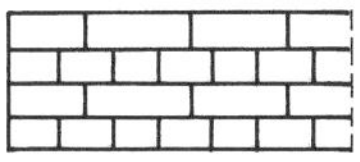
richtig

- In der Ansicht sollen in der Binderschicht nur Binder und in der Läuferschicht nur Läufer zu sehen sein.
- Die Stoßfugen sollen nach jeder Steinlänge als Schnittfuge durch die ganze Mauerdicke durchschneiden.

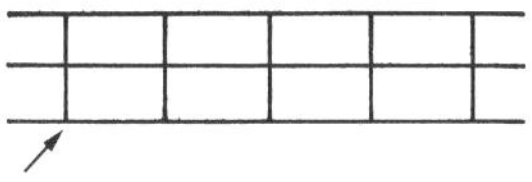

- Die Überbindung *ü* – auch Fugenversatz genannt – muss mindestens das 0,4-Fache der Steinhöhe betragen und darf nicht kleiner als 4,5 cm sein.

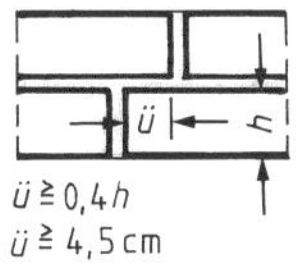

- Läuferschichten gehen bei Ecken, Anschlüssen und Kreuzungen durch:

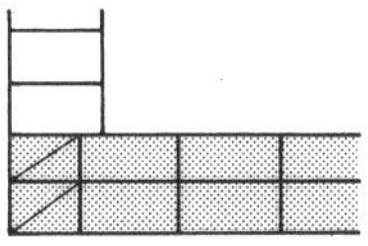

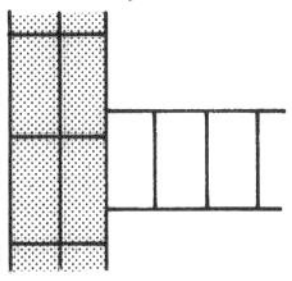

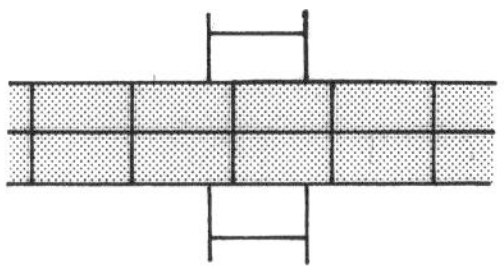

Tragverbände Übersicht

Läuferverband
- Alle Schichten bestehen aus Läufern, die von Schicht zu Schicht um eine halbe Steinlänge versetzt sind.

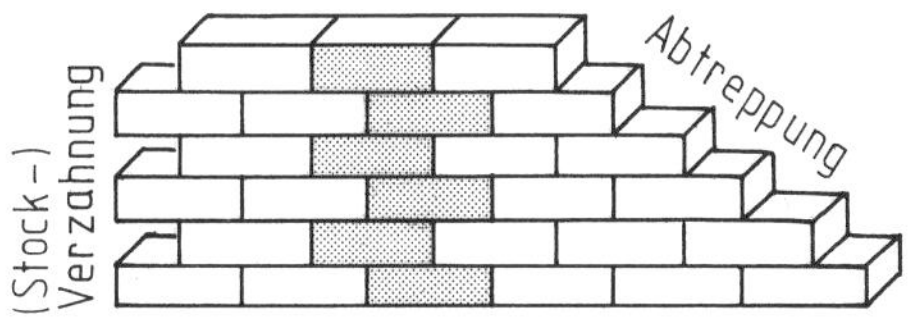

Binderverband
- Alle Schichten bestehen aus Bindern, die von Schicht zu Schicht um eine halbe Steinbreite versetzt sind.

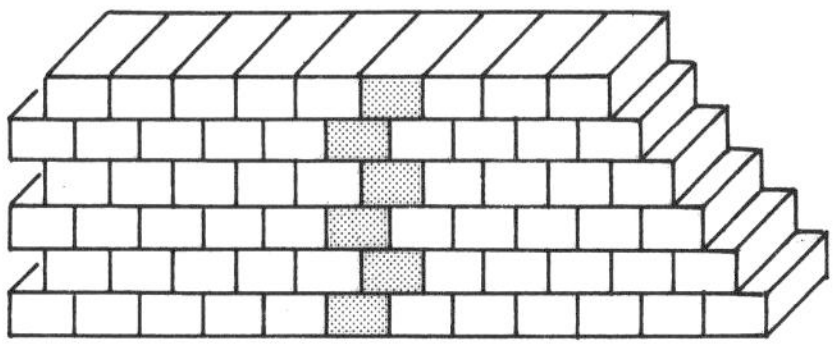

Blockverband
- Binder- und Läuferschicht wechseln regelmäßig ab.
- Die Stoßfugen der Läuferschichten liegen senkrecht übereinander.
- Die Stoßfugen der Binderschichten liegen senkrecht übereinander.

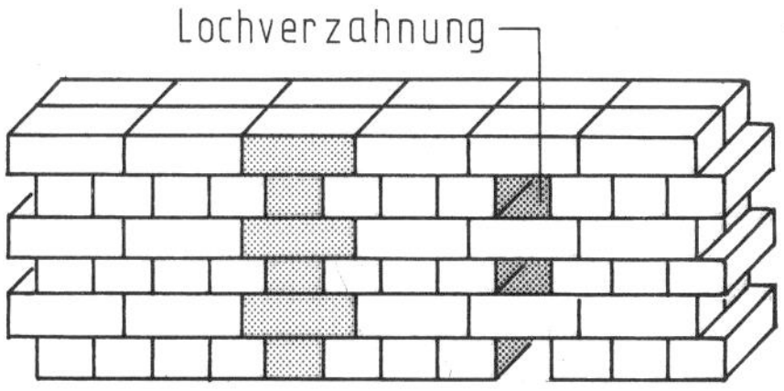

Kreuzverband
- Binder- und Läuferschicht wechseln regelmäßig ab.
- Die Stoßfugen der Läuferschichten sind jeweils um eine halbe Steinlänge versetzt, die der Binderschichten liegen übereinander.

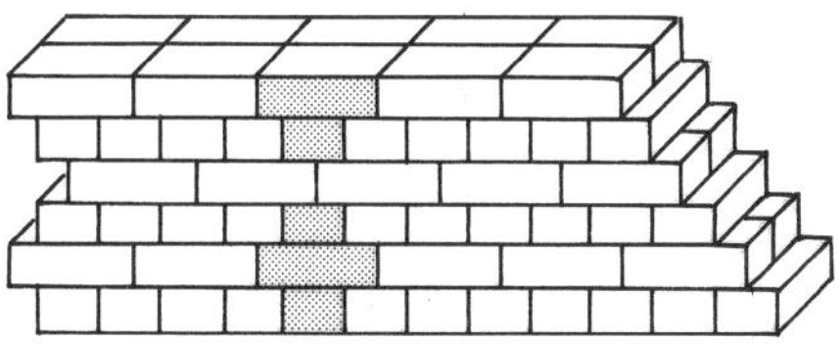

Ausführung von Mauerwerk

Werkzeug

Zur Ausführung von Mauerwerk benötigt man folgende Werkzeuge (siehe auch Kapitel „Die wichtigsten Werkzeuge", Seite 1):

- Hammer,
- Kelle,
- Wasserwaage,
- Schnur,
- Setzlatte,
- Hochbaulaser,
- Schichtenlatte,
- Lot.

Vorarbeiten

Bevor man mit dem Anlegen der Außenwände beginnt, müssen folgende Vorarbeiten ausgeführt werden:

1. Für das Kellergeschoss müssen am Schnurgerüst die Drähte oder Schnüre am HG (= Hausgrund) eingehängt werden.
2. Die Schichtenlatte muss angefertigt werden. Zuerst trägt man die Stockwerkshöhe ab und teilt diese dann in die einzelnen Schichten ein.
3. Auslegen der Feuchtigkeitssperre (Dachpappe).
4. Einmessen von Türen, Fenstersimsen, Schlitzen usw.

Anlegen des Mauerwerks

Nach Erledigung der Vorarbeiten kann mit dem Anlegen des Mauerwerks begonnen werden. Hierzu hängt man ein Lot über den Draht des Schnurgerüstes und setzt danach den Eckstein.

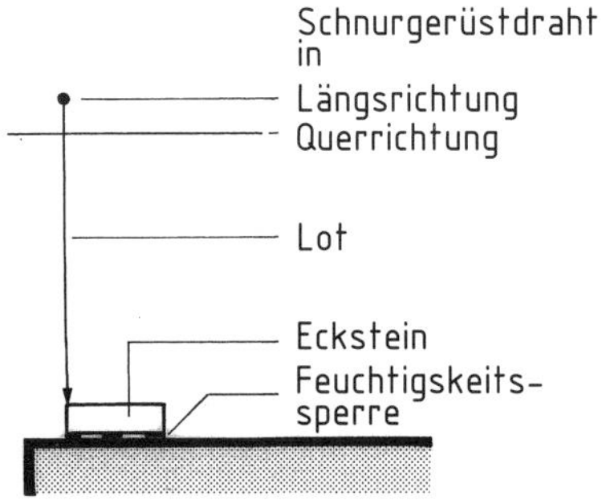

Zuerst werden die Ecken hochgemauert. Danach spannt man von Ecke zu Ecke eine Schnur. Dabei ist darauf zu achten, dass die Schnur nicht durchhängt. Notfalls muss sie in der Mitte unterstützt werden.

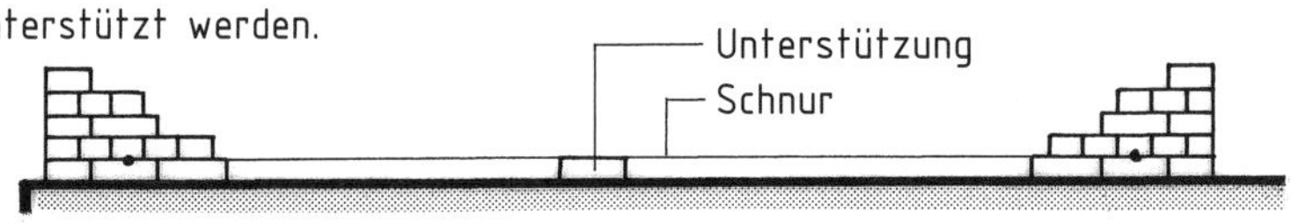

Ausführung des Mauerwerks

Wenn die Schnur gespannt ist, kann mit der Ausführung des Mauerwerks begonnen werden. Die Steine werden genau nach der Schnur gesetzt. Dabei ist auf Folgendes zu achten:

- Die Steine dürfen nicht höher oder tiefer als die Schnur liegen, sondern Oberkante Stein = Schnurhöhe.

- Die Steine dürfen weder die Schnur berühren noch zu weit von der Schnur weg sein, weil sonst die Mauerflucht nicht eingehalten wird. Der Abstand zwischen Schnur und Stein sollte zirka Schnurstärke betragen.

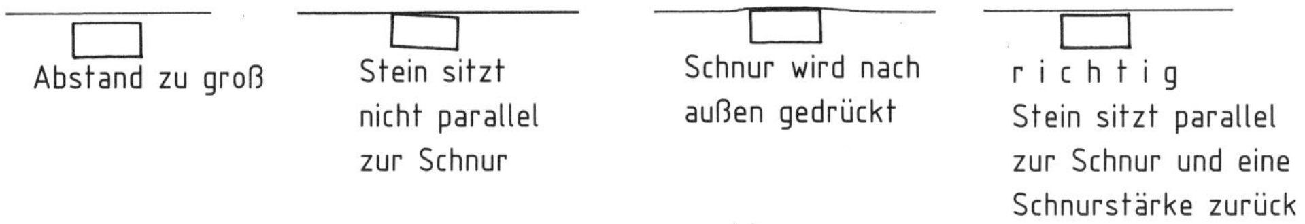

Kontrolle bei der Ausführung

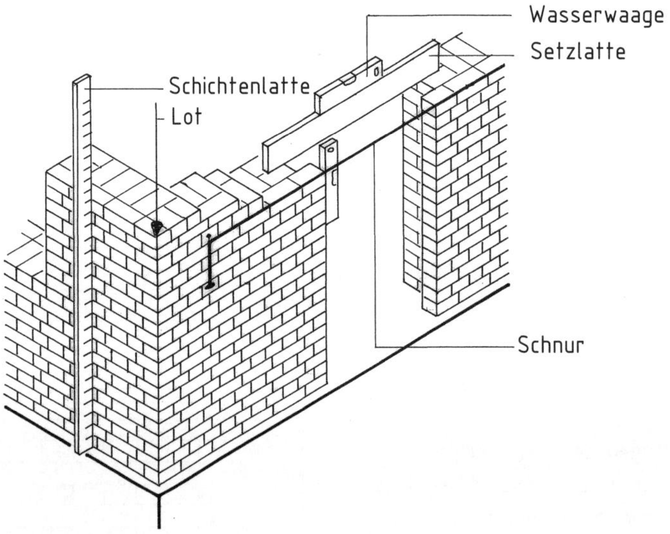

11,5 cm dicke Mauer

Blatt-Nr.

Name: | Klasse: | Datum:

Beispiel 1

Länge = gerade Anzahl am

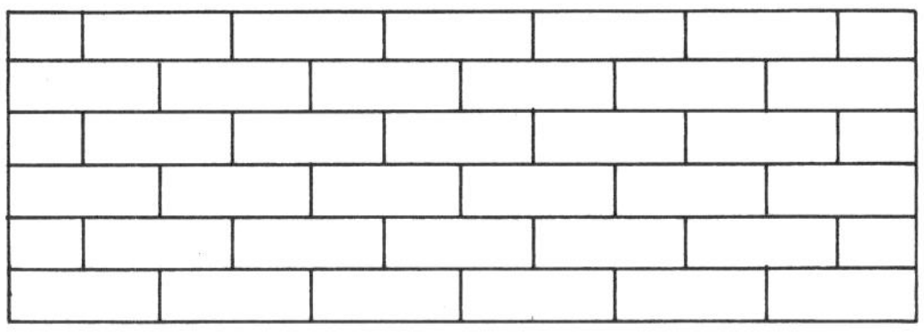

Ansicht

2. Schicht

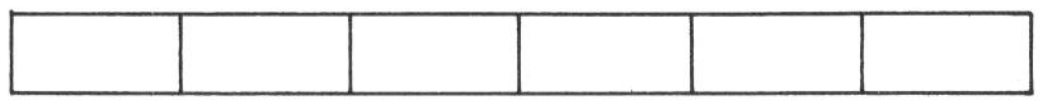

1. Schicht

1. Schicht: nur Läufer
2. Schicht: beginnt und endet mit einem halben Stein

Beispiel 2

Länge = ungerade Zahl am

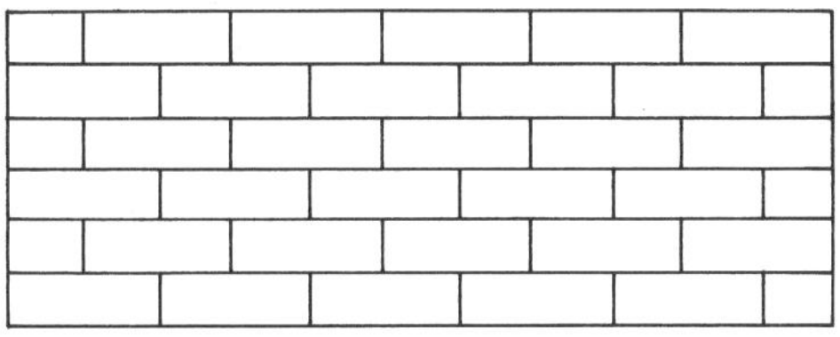

Ansicht

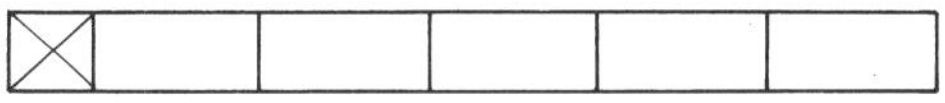

2. Schicht

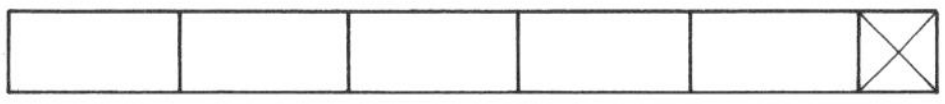

1. Schicht

1. Schicht: beginnt mit einem ganzen und endet mit einem halben Stein
2. Schicht: beginnt mit einem halben und endet mit einem ganzen Stein

Beispiel 3

Länge = gerade Anzahl am + 1/2 am

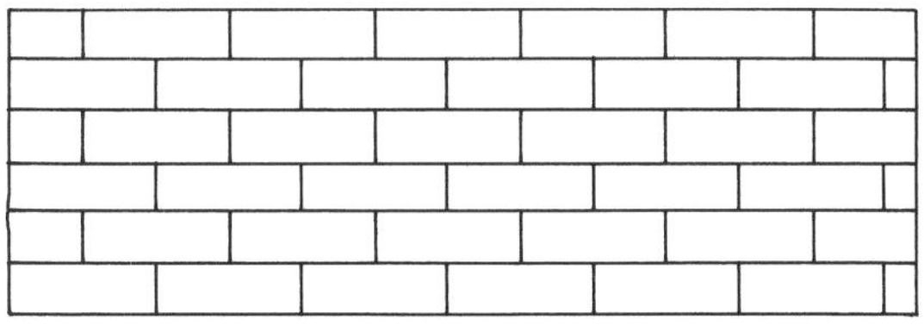

Ansicht

2. Schicht

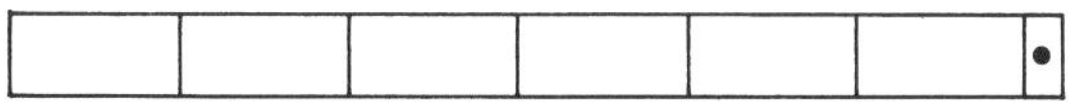

1. Schicht

1. Schicht: beginnt mit einem ganzen und endet mit einem Viertelstein
2. Schicht: beginnt mit einem halben und endet mit einem Dreiviertelstein

Regeln

- Die 11,5 cm dicke Mauer wird nur im Läuferverband gemauert und hat daher nur Läuferschichten.
- Die Stoßfugen sollen in Steinmitte liegen, Fugenversatz daher 1 am = 12,5 cm (Ausnahme: Zierverband).
- Im Normalfall beginnt und endet die 11,5 cm dicke Mauer mit einem ganzen bzw. halben Stein.

Ecke

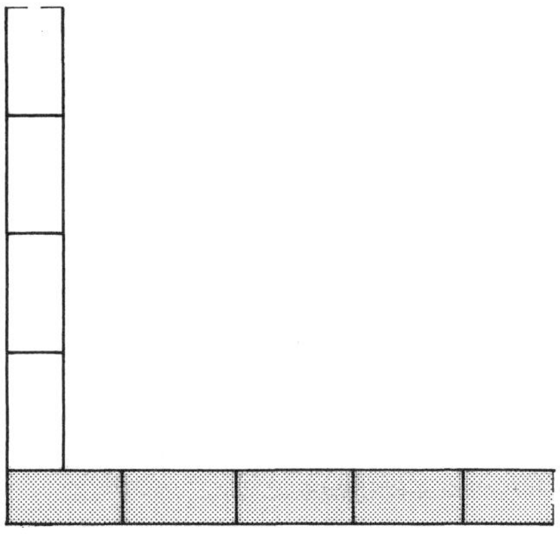

1. Schicht

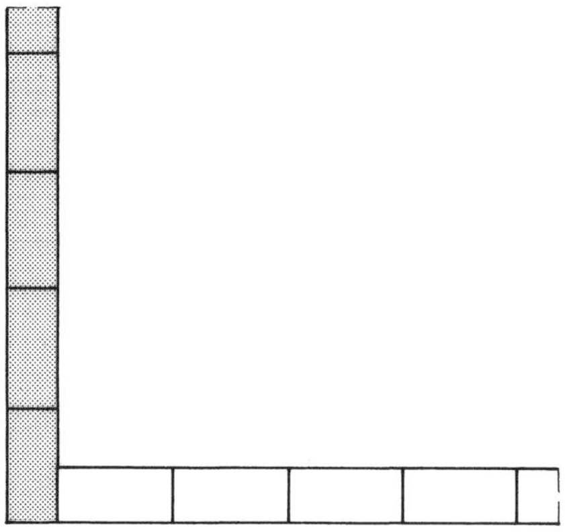

2. Schicht

Regeln

- Die Schichten laufen abwechselnd bis zur Außenkante durch.

Anschluss

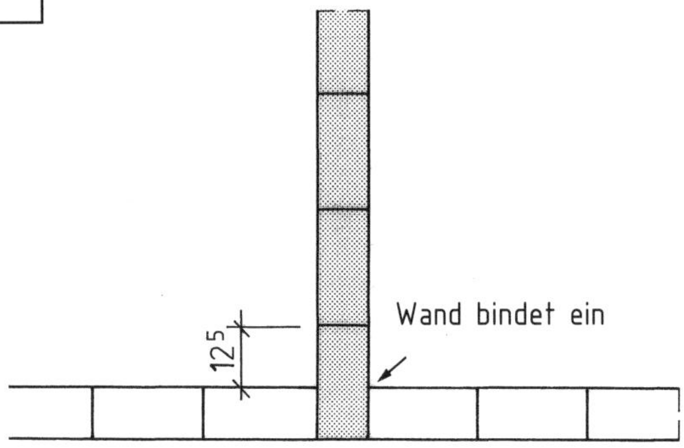

1. Schicht

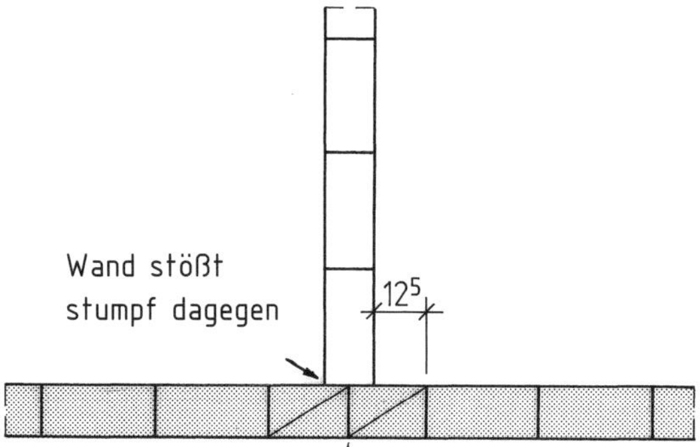

2. Schicht

Diese Stoßfuge muss auf die Mitte des Steins der Anschlussmauer stoßen. Dadurch benötigt man 2 Dreiviertelsteine.

Regeln

- In der 1. Schicht bindet die anstoßende Wand ein, in der 2. Schicht stößt sie stumpf gegen die querverlaufende Wand.
- Fugenversatz jeweils 1 am ≙ 12,5 cm.

Kreuzung

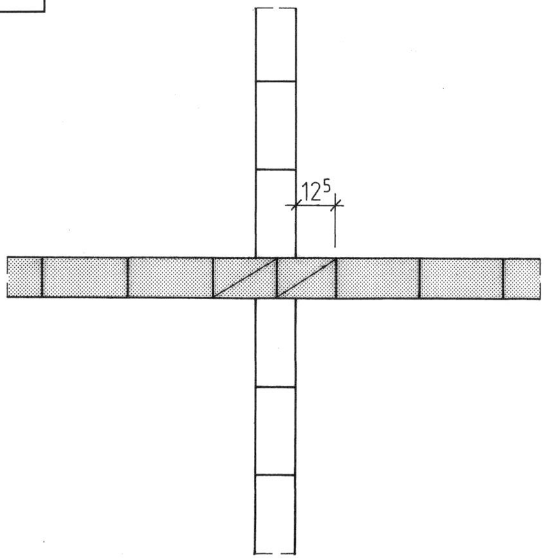

1. Schicht

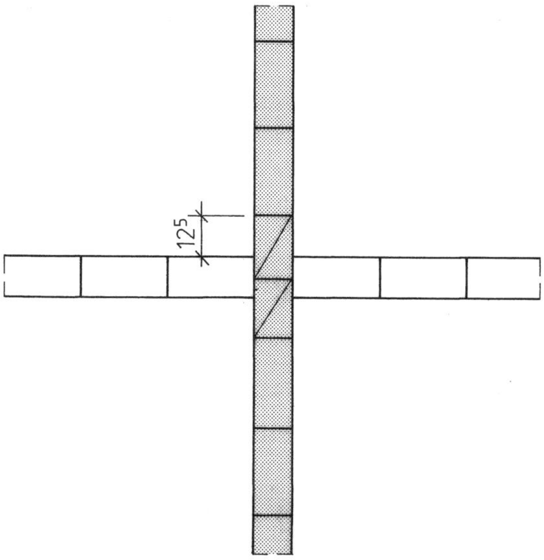

2. Schicht

Regeln

- Die Schichten laufen abwechselnd durch.
- Fugenversatz jeweils 1 am ≙ 12,5 cm.

11,5 cm dicke Mauer

Blatt-Nr.

Name: | Klasse: | Datum:

Aufgabe

a) Die Maße des Mauerwerks sind in der 1. Schicht in am angegeben. Tragen Sie die entsprechenden Nennmaße auf die Maßlinien ein.

b) Tragen Sie die 1. und 2. Schicht als Läuferverband mit NF-Steinen 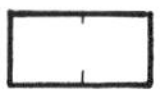 ein.

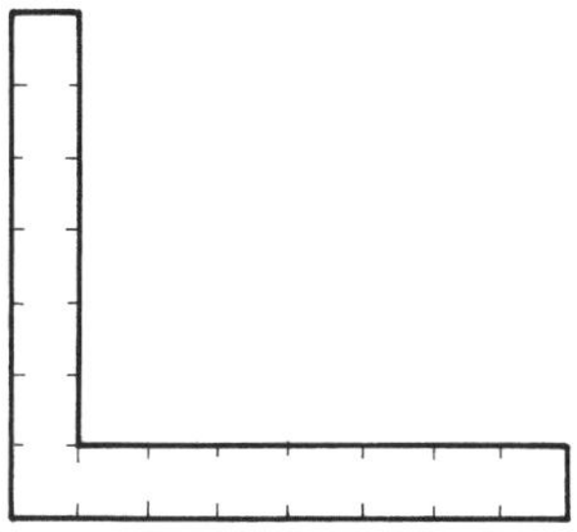

2. Schicht

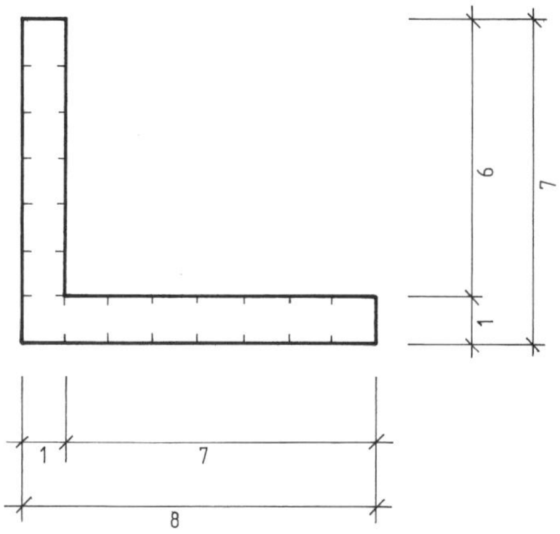

1. Schicht

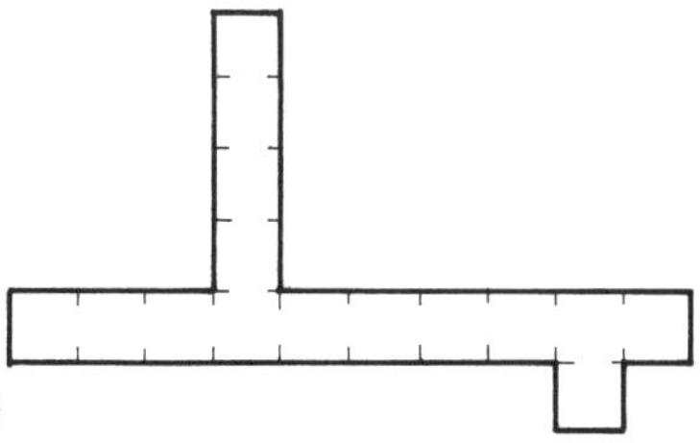

2. Schicht

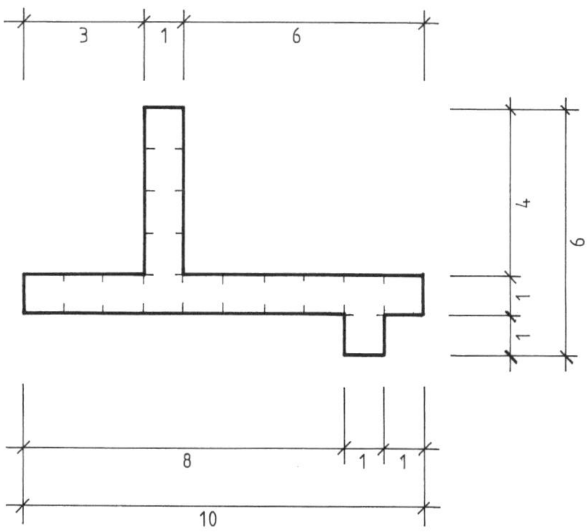

1. Schicht

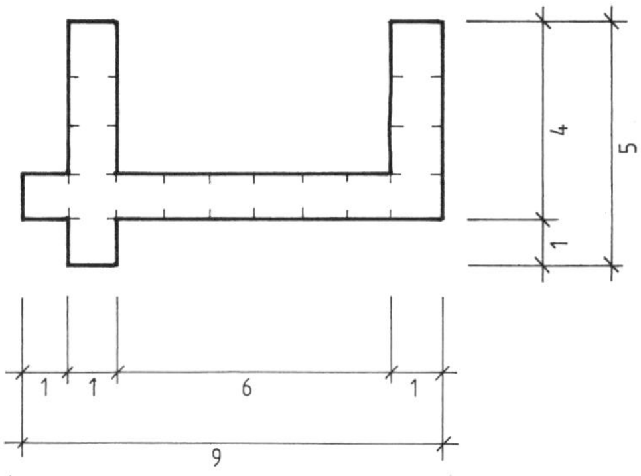

2. Schicht

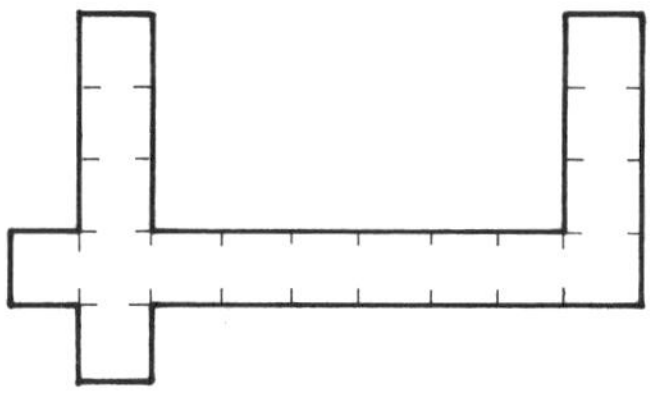

1. Schicht

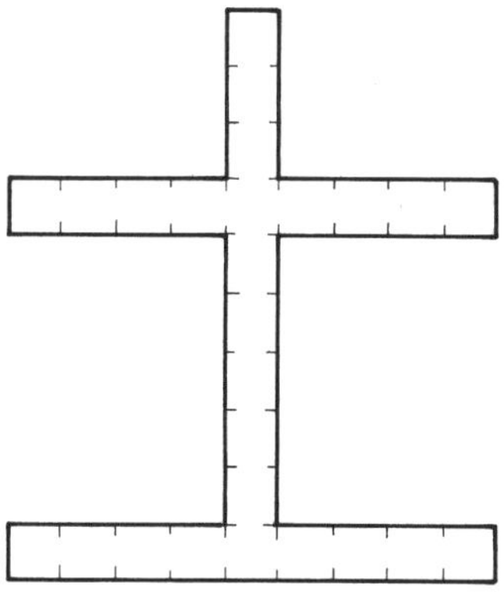

2. Schicht

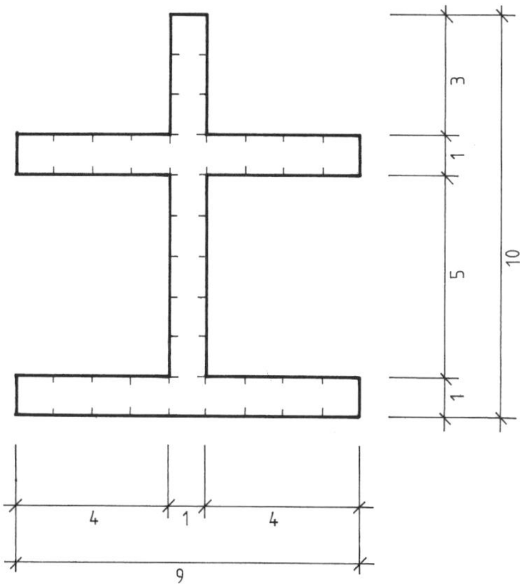

1. Schicht

Aufgabe a) Bemaßen Sie die 1. Schicht entsprechend der angegebenen **am**.
b) Tragen Sie die 1. und 2. Schicht als Läuferverband mit NF-Steinen ein.

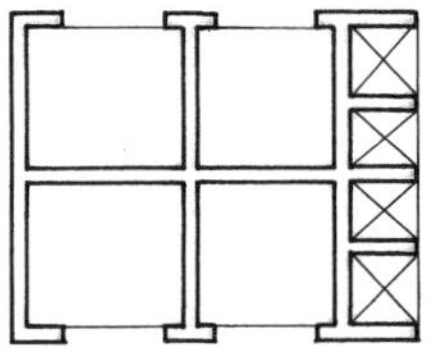

Übersicht Duschkabinen und Einbauschränke

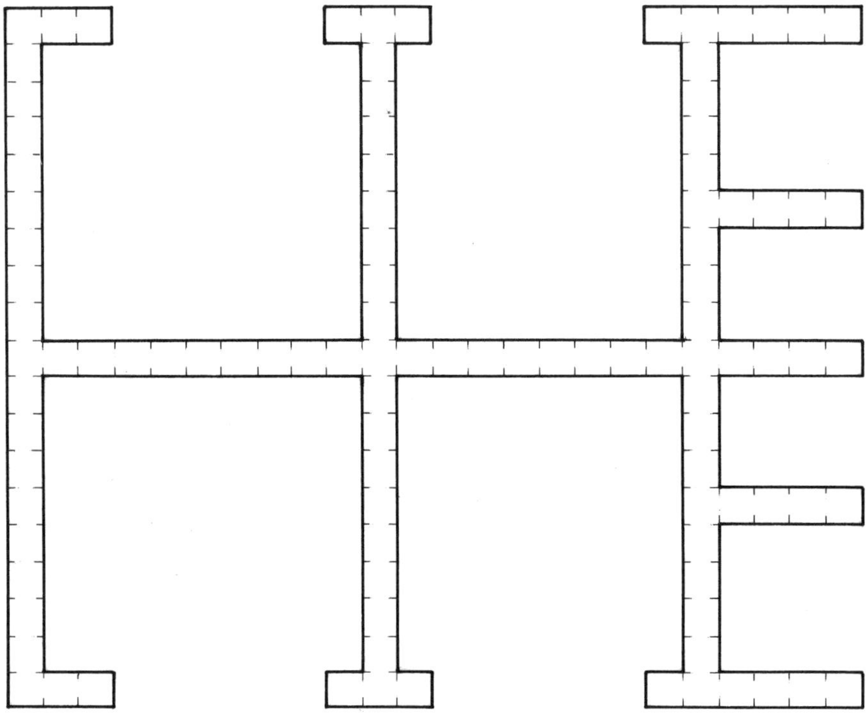

2. Schicht

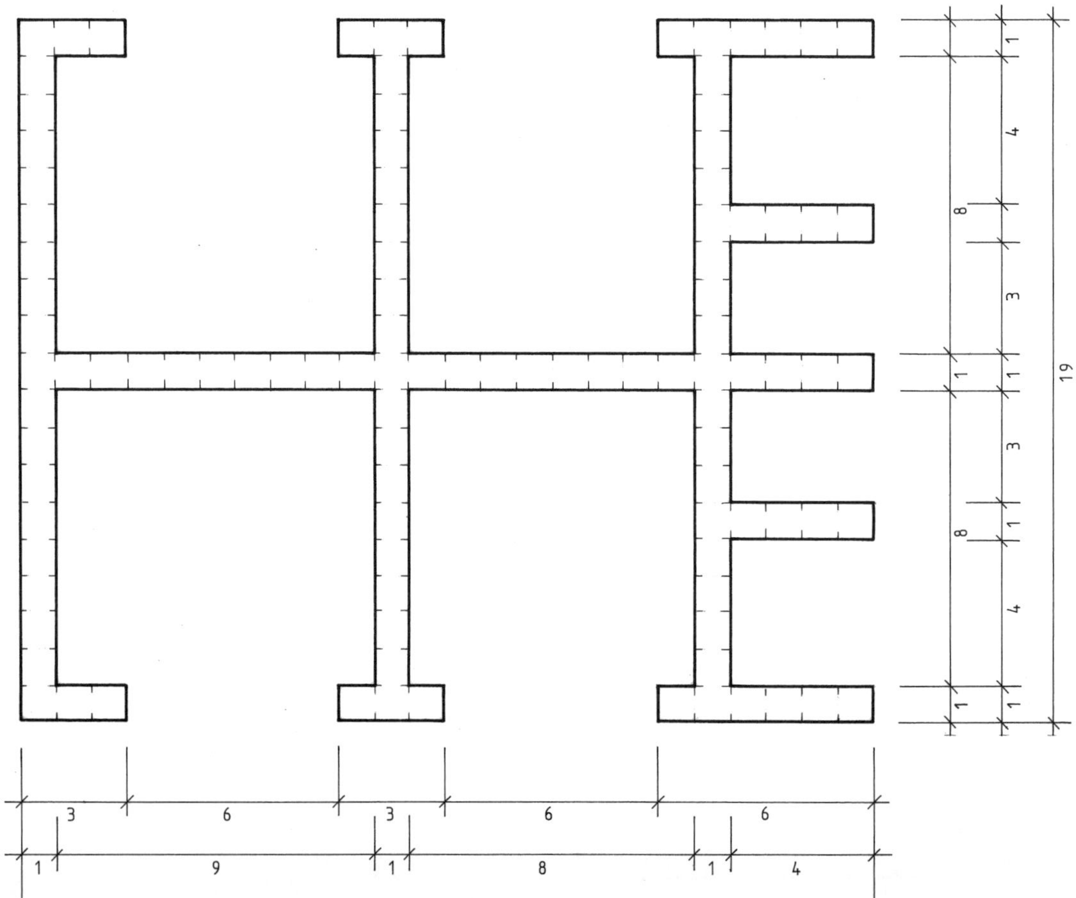

1. Schicht

24 cm dicke Mauer

Blatt-Nr.

Name: | Klasse: | Datum:

Allgemeines

Die 24 cm dicke Mauer wird in der Regel im Block- oder Kreuzverband gemauert.

Blockverband

a) *l* = ungerade Anzahl am

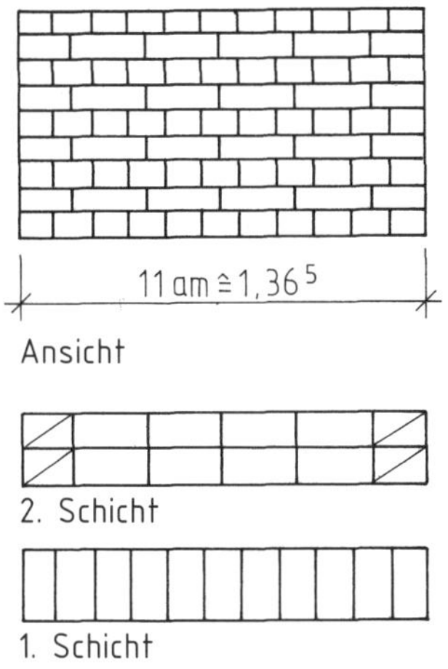

b) *l* = gerade Anzahl am

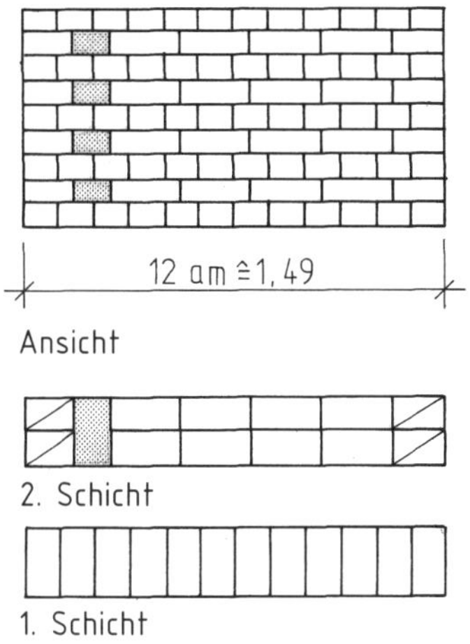

Regeln

- Binder- und Läuferschicht wechseln ab.
- Die Binderschicht beginnt und endet mit einem Binder.
- Die Läuferschicht beginnt und endet mit so vielen Dreiviertelsteinen, wie die Mauer dick ist, also mit 2 Dreiviertelsteinen.
- Hat die Mauer eine Länge von einer geraden Anzahl am, so muss in der Läuferschicht hinter den Dreiviertelsteinen ein Binder eingefügt werden (entweder immer am Anfang oder immer am Ende der Mauer).

Kreuzverband

a) *l* = ungerade Anzahl am

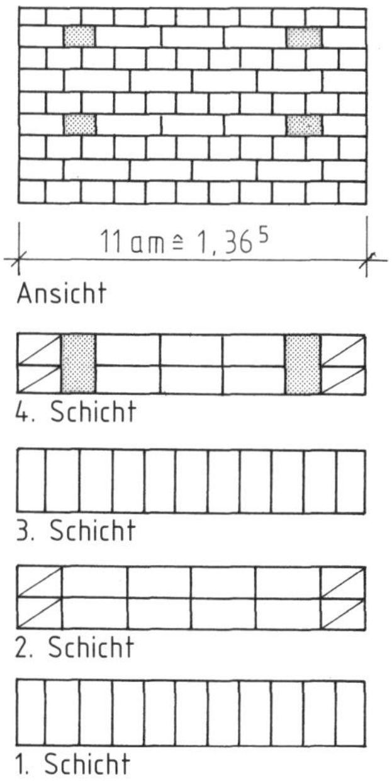

b) *l* = gerade Anzahl am

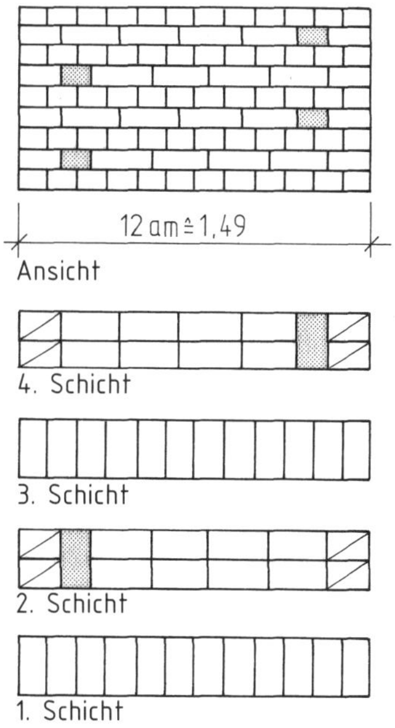

Regeln

- Binder- und Läuferschicht wechseln ab.
- Die Binderschicht beginnt und endet mit einem Binder.
- Die Läuferschicht beginnt und endet mit so vielen Dreiviertelsteinen, wie die Mauer dick ist, also mit 2 Dreiviertelsteinen.
- Die Stoßfugen der Läuferschichten sind jeweils um 1 am = 12,5 cm versetzt. Dies erreicht man
  - bei einer Mauerlänge mit einer ungeraden Anzahl am durch Einschieben eines Binders hinter den Dreiviertelsteinen am Anfang und Ende jeder 2. Läuferschicht.
  - bei einer Mauerlänge mit einer geraden Anzahl am durch Einschieben eines Binders hinter den Dreiviertelsteinen abwechselnd am Maueranfang bzw. Mauerende der Läuferschichten.

Ecke

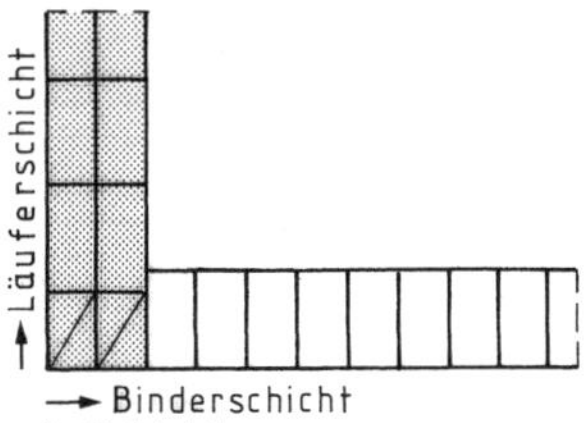

1. Schicht

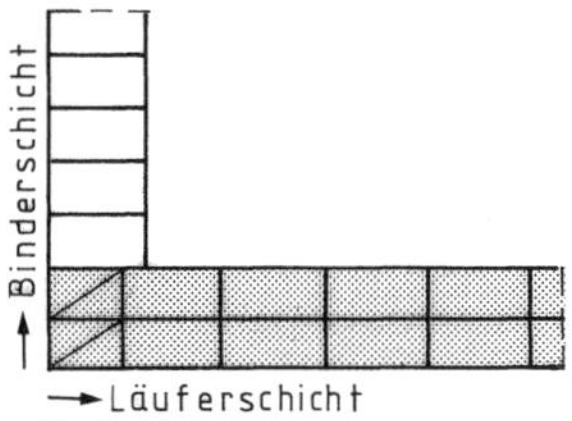

2. Schicht

Regeln
- Es wird immer die Läuferschicht bis zur Ecke durchgeführt.
- Die Läuferschicht beginnt bzw. endet an der Ecke mit 2 Dreiviertelsteinen (= Regel für Mauerenden).

Hinweis: Wechseln innerhalb einer Schicht Binder- und Läuferschicht nicht ab, so entstehen folgende Fehler:

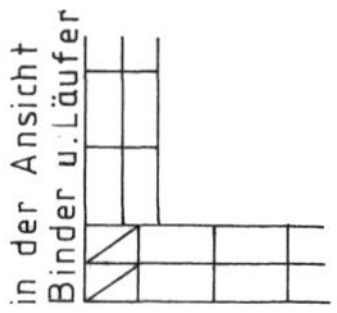

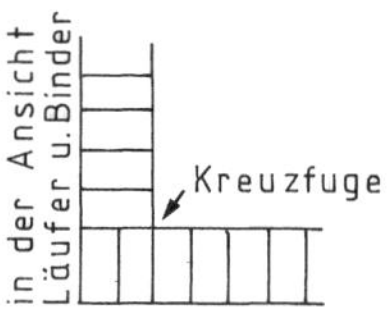

Anschluss

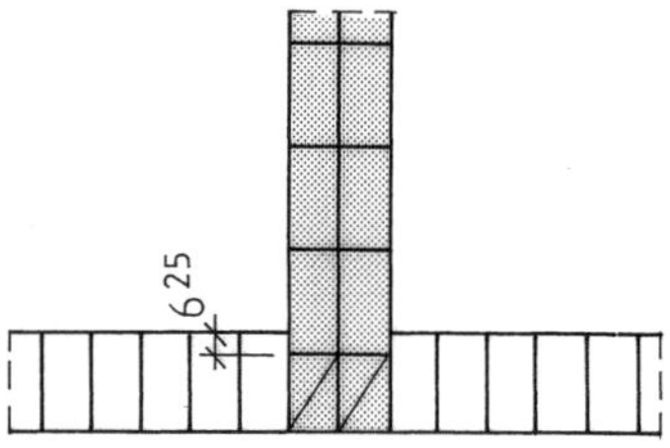

1. Schicht

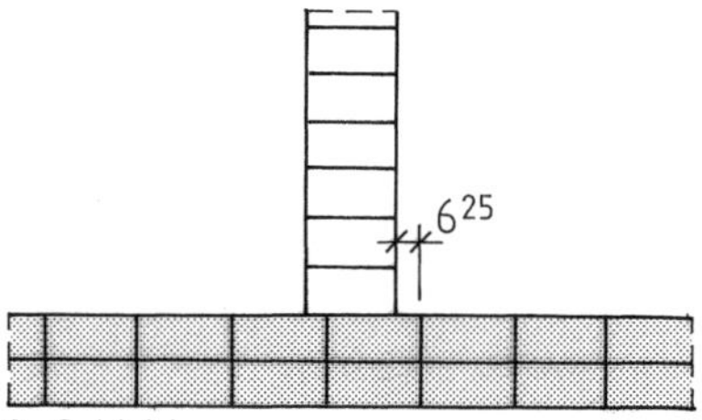

2. Schicht

Regeln
- Die Läuferschicht geht durch.
- Bindet die Läuferschicht am Maueranschluss ein, so gilt die Regel für das Mauerende: Beginn mit 2 Dreiviertelsteinen.
- Fugenversatz beim Anschluss 1/2 am ≙ 6,25 cm.

Kreuzung

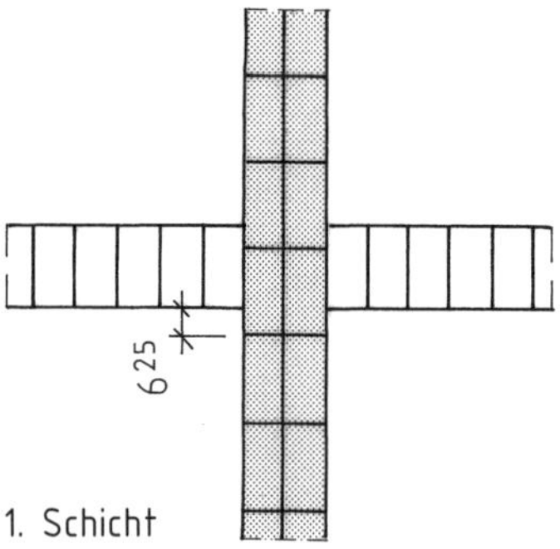

1. Schicht

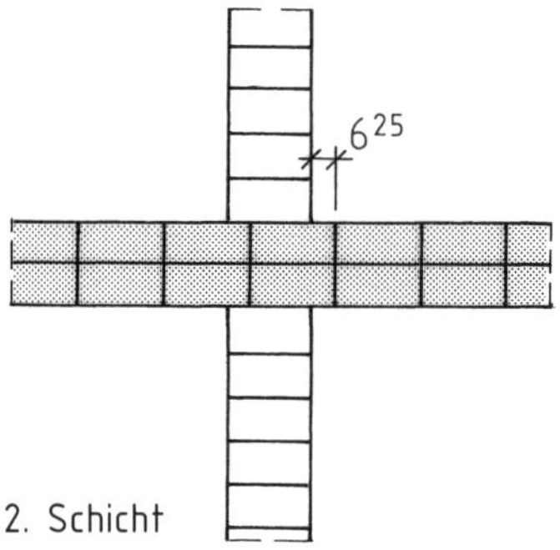

2. Schicht

Regeln
- Die Läuferschicht läuft durch, die Binderschicht stößt stumpf dagegen.
- Fugenversatz an der Mauerkreuzung 1/2 am ≙ 6,25 cm.

Hinweis: Wird auf den Fugenversatz der sich kreuzenden Mauern nicht geachtet, entstehen Kreuzfugen. Eine einwandfreie Kraftübertragung ist dadurch nicht mehr gewährleistet

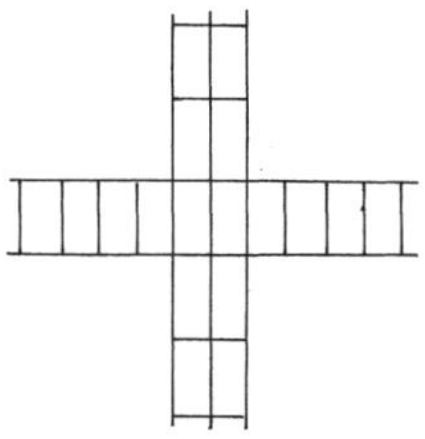
falsch: kein Fugenversatz

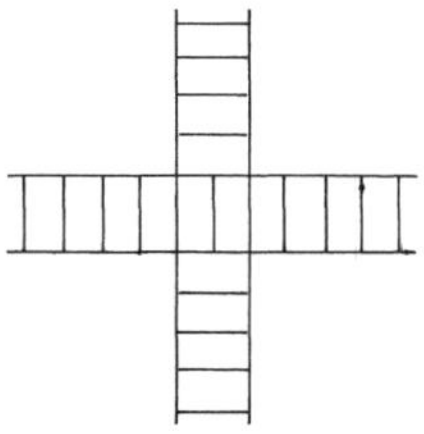
falsch: kein Fugenversatz; beide Mauern als Binderschicht

24 cm dicke Mauer

Blatt-Nr.

Name: | Klasse: | Datum:

Aufgabe

Tragen Sie die 1. und 2. Schicht als Blockverband mit NF-Steinen ein.

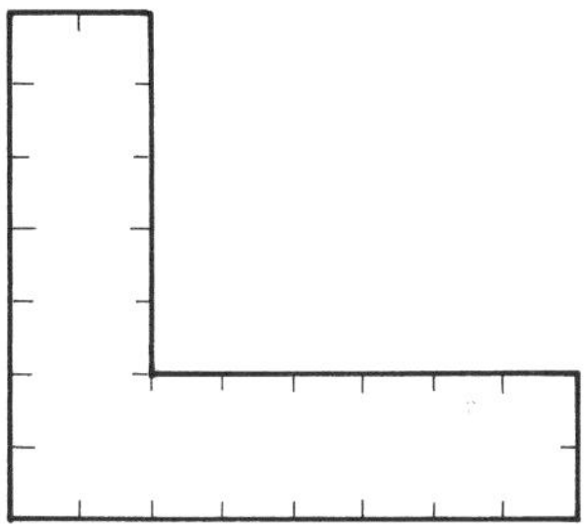

2. Schicht

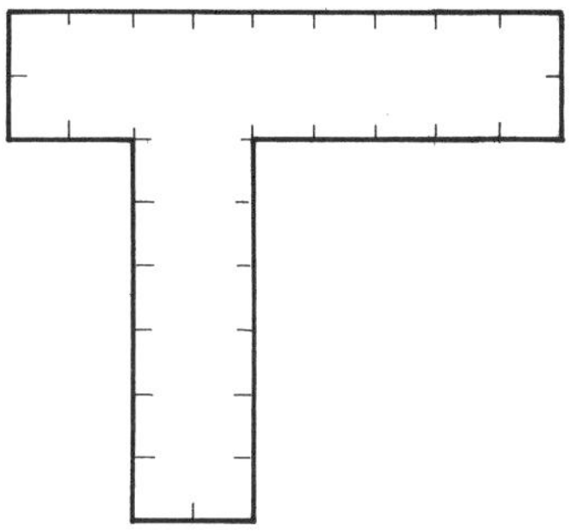

2. Schicht

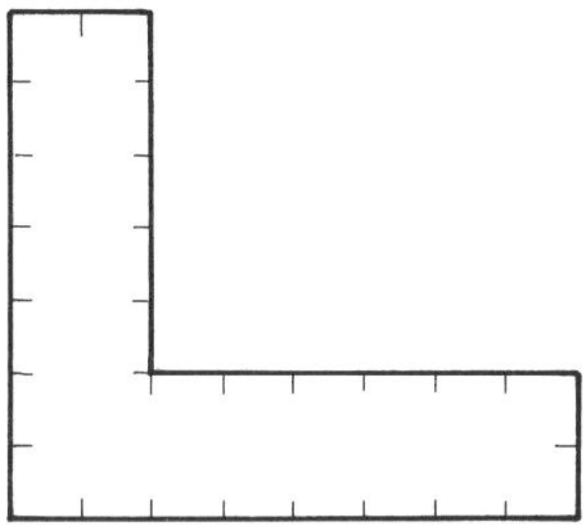

1. Schicht

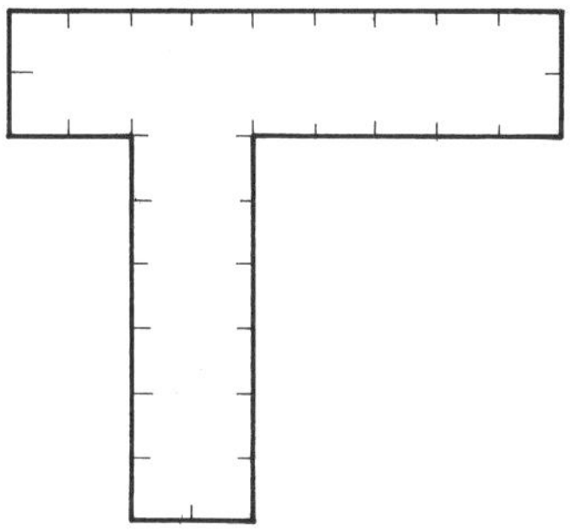

1. Schicht

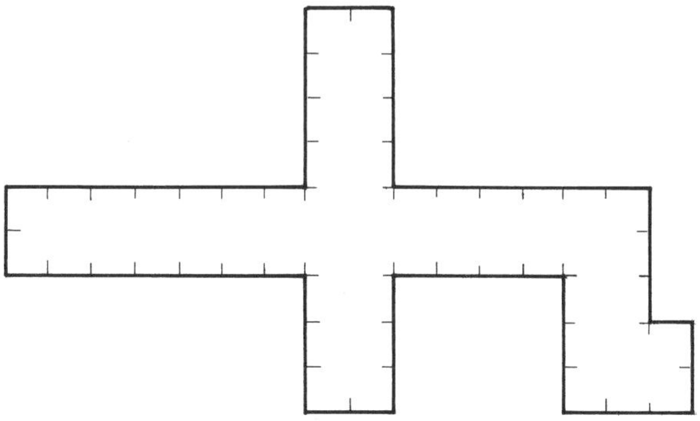

2. Schicht

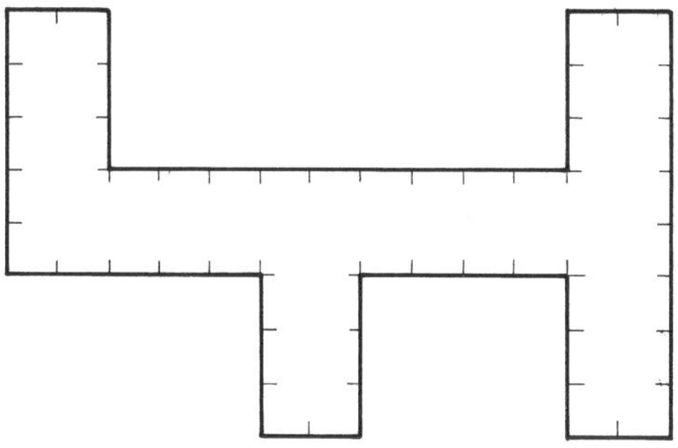

2. Schicht

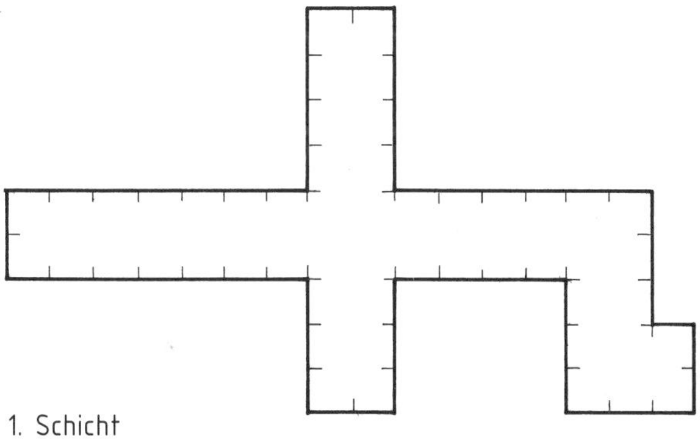

1. Schicht

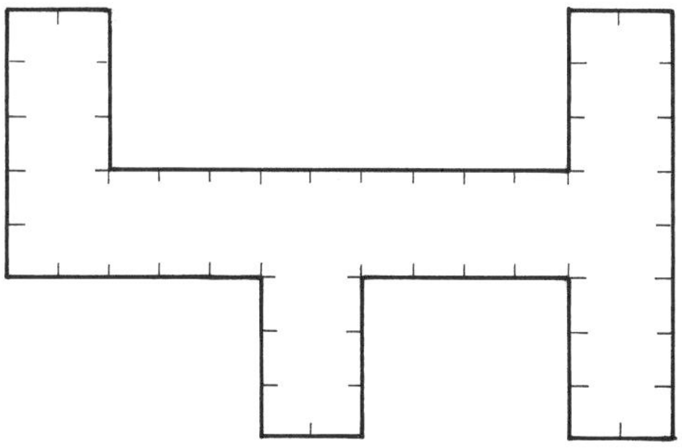

1. Schicht

Aufgabe

Tragen Sie die 1. bis 4. Schicht als Kreuzverband mit NF-Steinen ein.

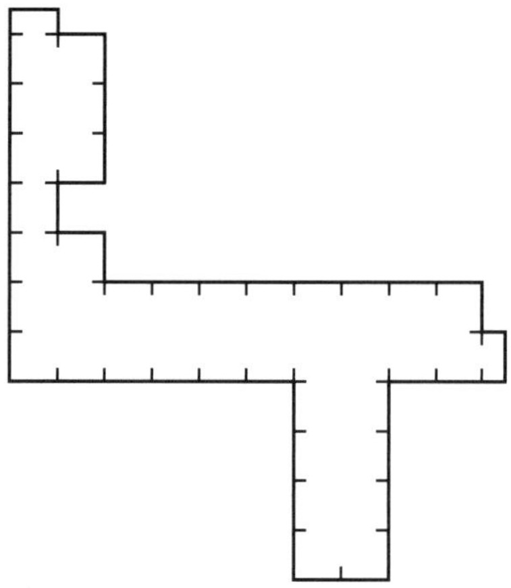

4. Schicht

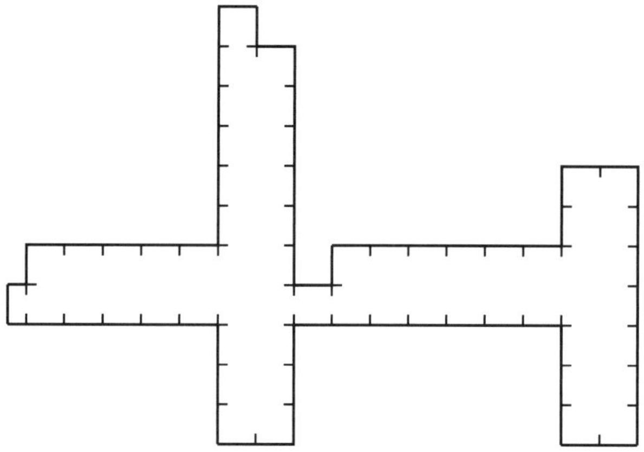

4. Schicht

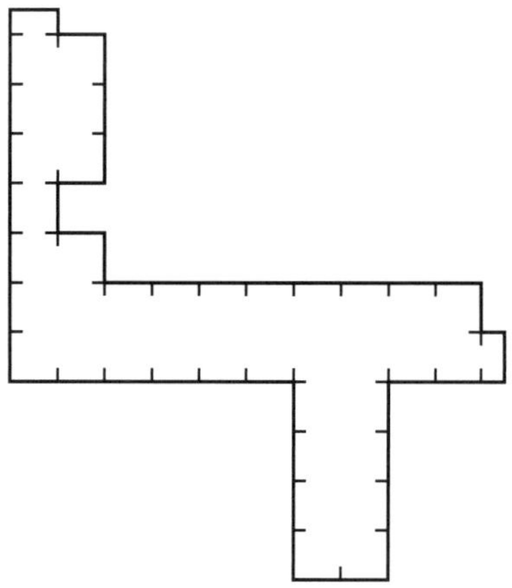

3. Schicht

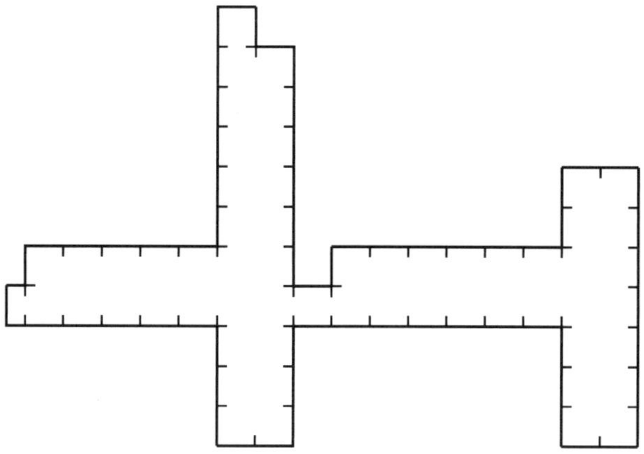

3. Schicht

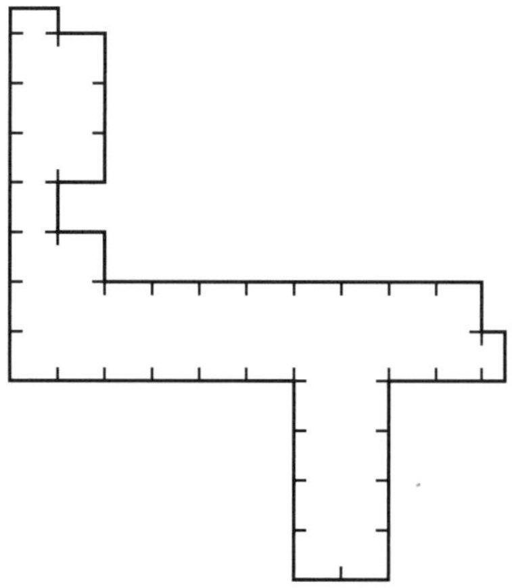

2. Schicht

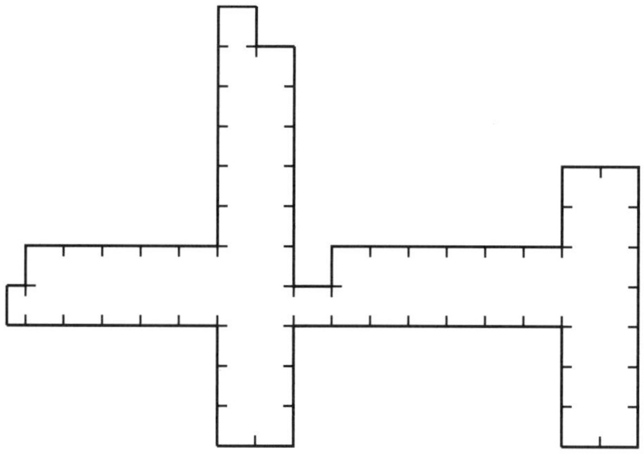

2. Schicht

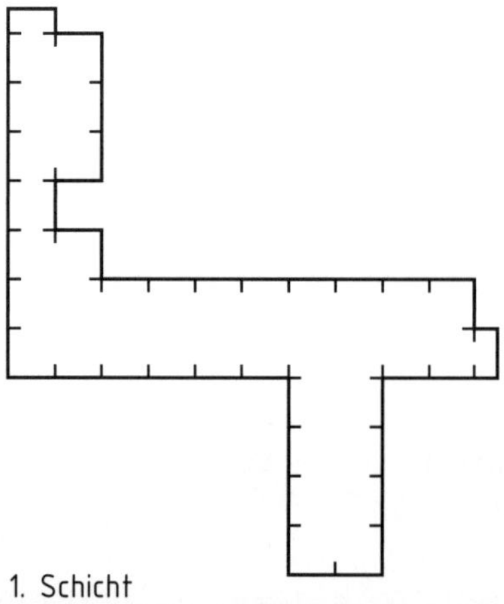

1. Schicht

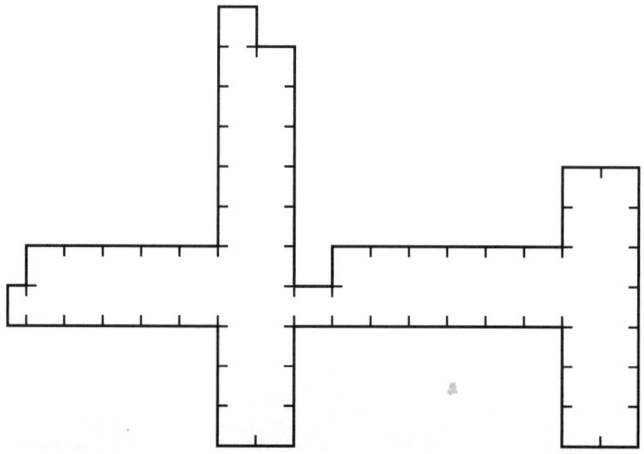

1. Schicht

24 cm / 11,5 cm dicke Mauer

	Blatt-Nr.

Name:	Klasse:	Datum:

Ecke

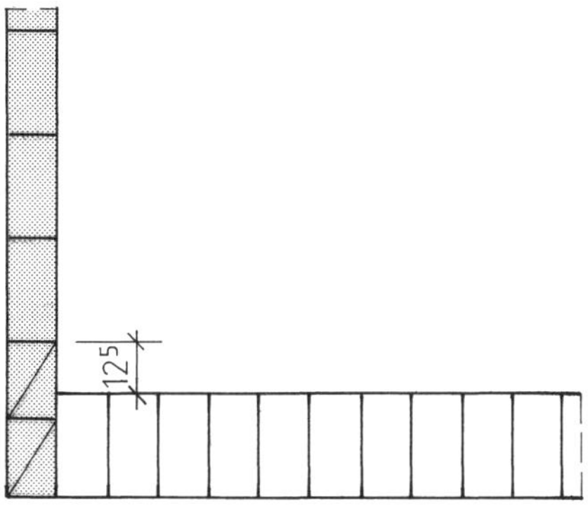

1. Schicht

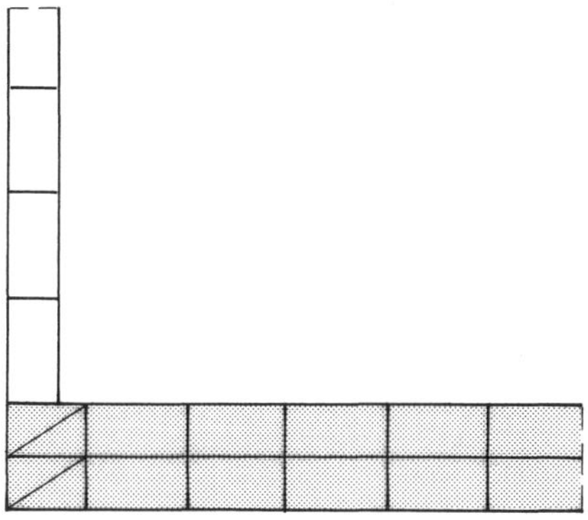

2. Schicht

Regeln

- Die 11,5 cm dicke Mauer wird in die Binderschicht eingebunden.
- Fugenversatz an der Ecke 1 am ≙ 12,5 cm.

Hinweis: Die 11,5 cm dicke Mauer muss mit 2 Dreiviertelsteinen beginnen, da sonst in der folgenden Schicht eine Fugendeckung von 12,5 cm am Mauerende entsteht. Dies gilt auch für den Anschluss und die Mauerkreuzung.

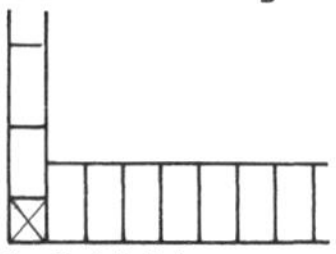

1. Schicht

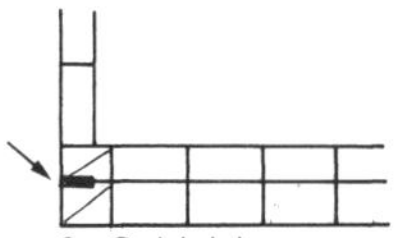

2. Schicht

Anschluss

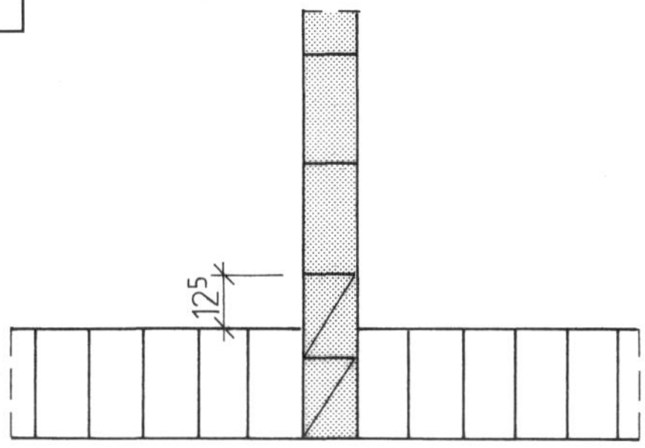

1. Schicht

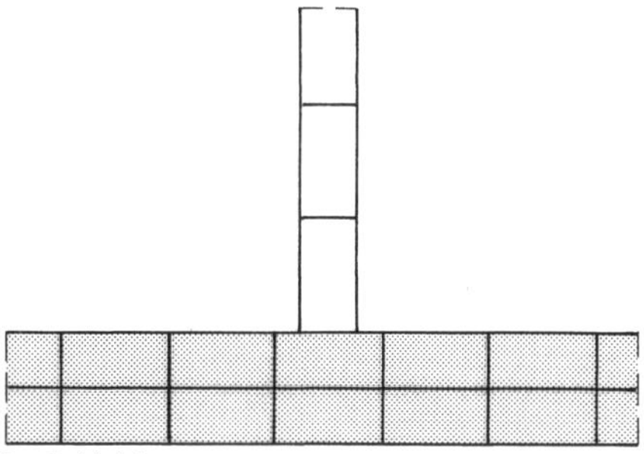

2. Schicht

Kreuzung

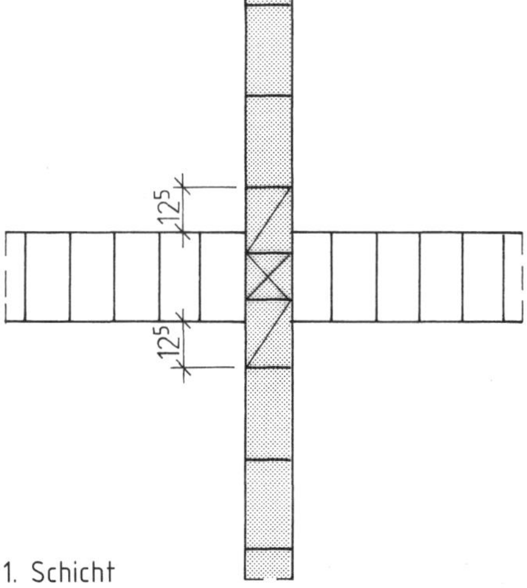

1. Schicht

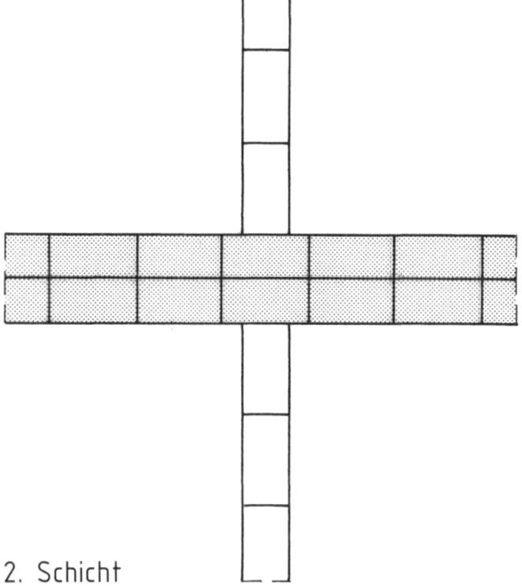

2. Schicht

Regeln

- Die 11,5 cm dicke Mauer wird in die Binderschicht eingebunden.
- Fugenversatz der 11,5 cm dicken Wand zur querverlaufenden, 24 cm dicken Wand jeweils 1 am = 12,5 cm, damit der Läuferverband der 11,5 cm dicken Wand eingehalten wird.

Aufgaben

a) In den ersten beiden Übungen sind die Maße in am angegeben. Tragen Sie die dazugehörigen Nennmaße in die Bemaßung ein.

b) Tragen Sie die 1. und 2. Schicht als Blockverband mit NF-Steinen ein.

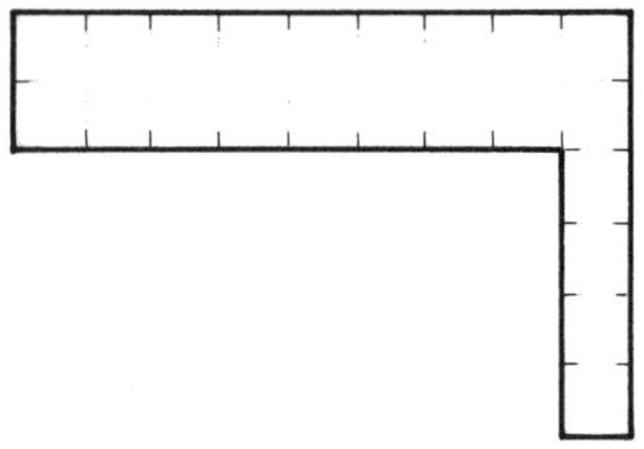

2. Schicht

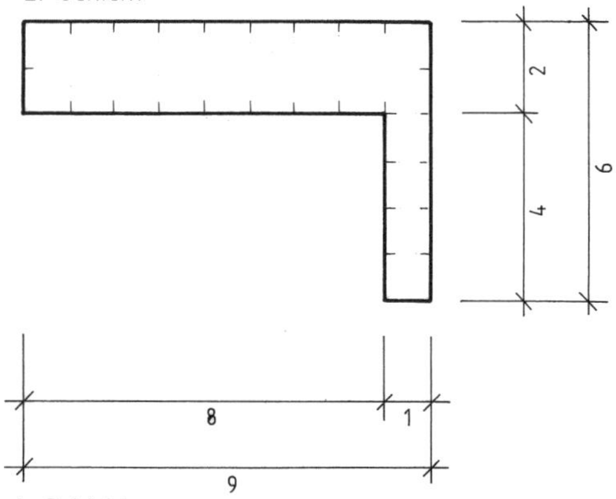

1. Schicht

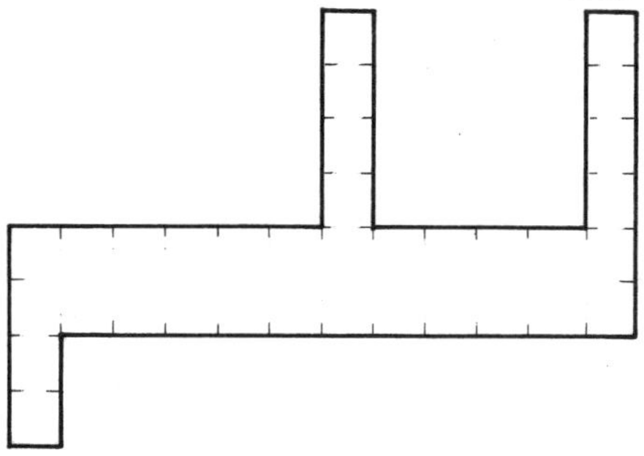

2. Schicht

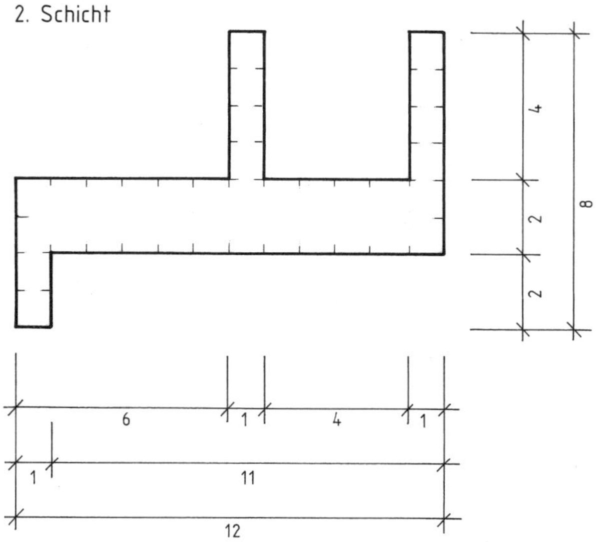

1. Schicht

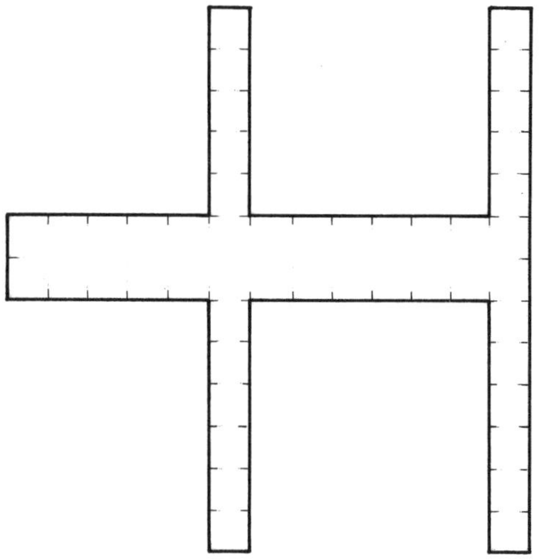

2. Schicht

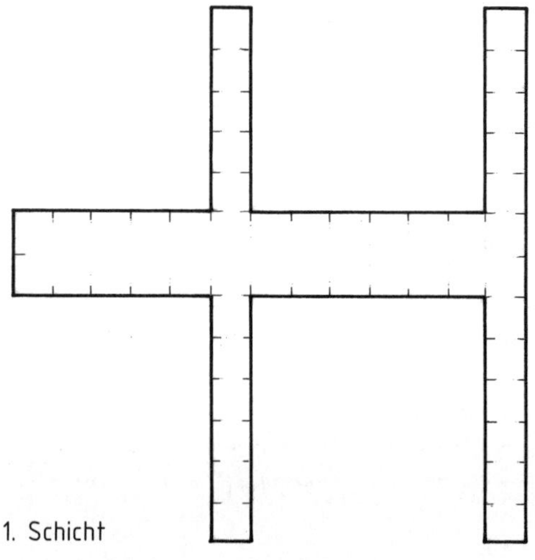

1. Schicht

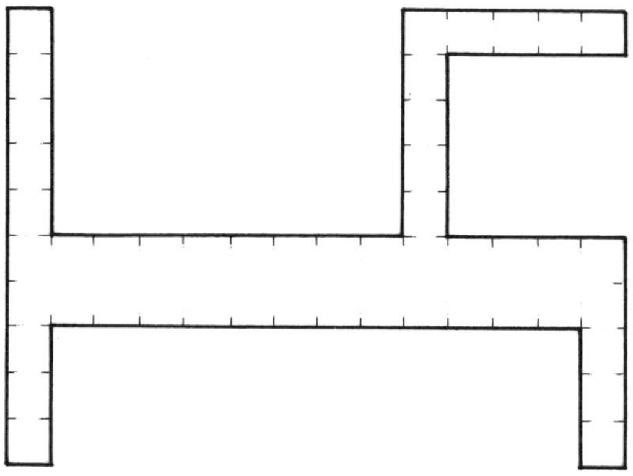

2. Schicht

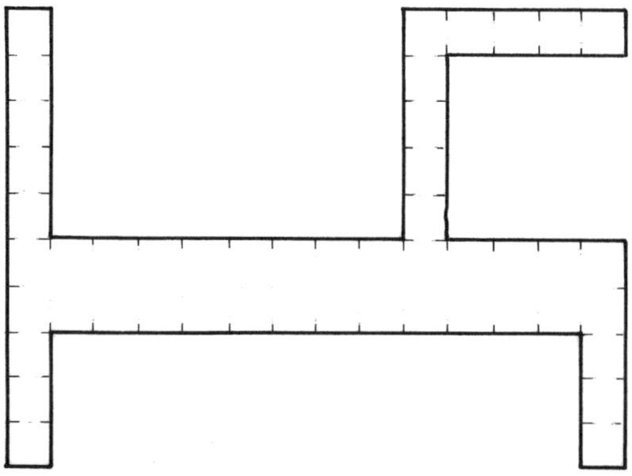

1 Schicht

24 cm dicke Mauer

Blatt-Nr.

Name: | Klasse: | Datum:

Nischen/
Schlitze

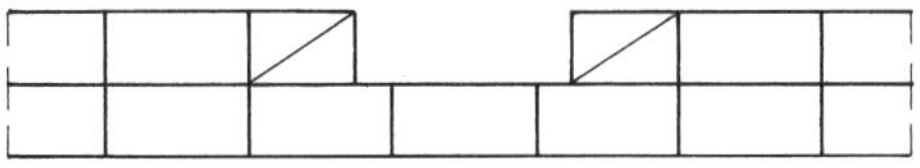

2. Schicht

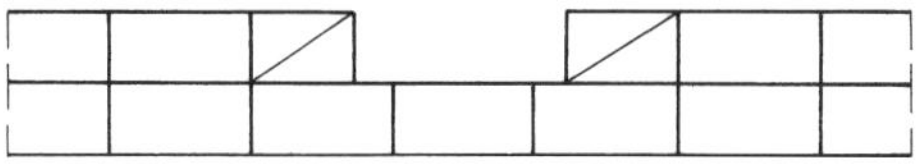

2. Schicht

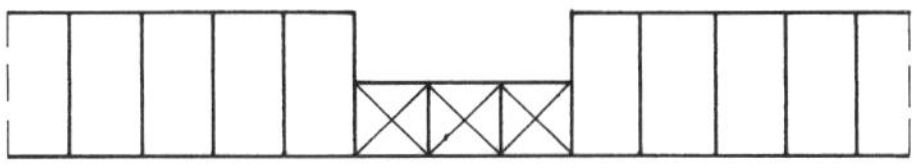

1. Schicht

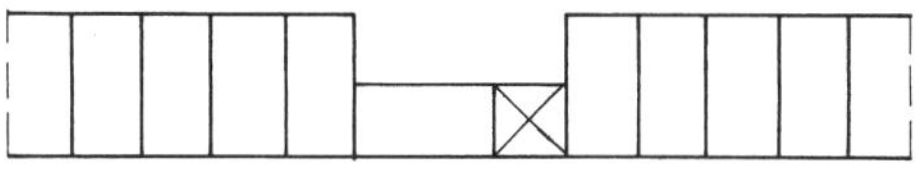

1. Schicht

Möglichkeit 1

Möglichkeit 2

Regeln

- Im Bereich der Nische (oder des Schlitzes) gilt die Regel für das Mauerende.
- Wird das Mauerwerk als Sichtmauerwerk ausgeführt, ist die Möglichkeit 1 zu wählen. Man darf von außen nicht erkennen, wo sich Nische oder Schlitz befindet. Außerdem entspricht diese Lösung dem Verband: Die Binderschicht besteht durchgehend aus Bindern.
- Wird das Mauerwerk verputzt oder verblendet, so kann Möglichkeit 2 gewählt werden. Man braucht hierbei nicht so viele Steine zu schlagen.

Anschläge

a) Anschlag 6,25 cm

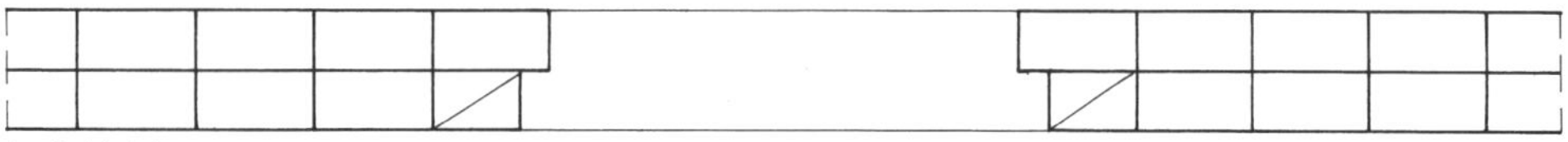

2. Schicht

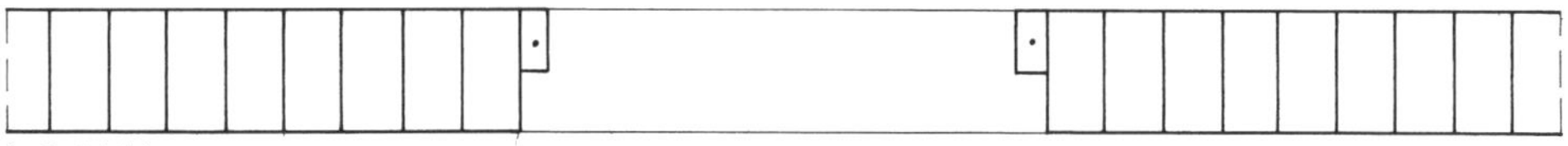

1. Schicht

b) Anschlag 12,5 cm

2. Schicht

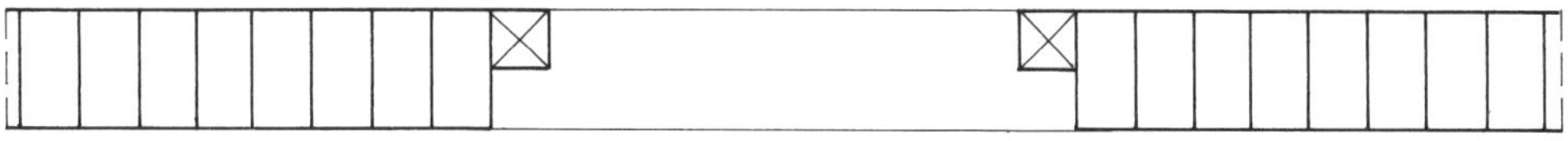

1. Schicht

Regeln

- In der 1. Schicht wird die Mauer nach der Regel für das gerade Mauerende abgeschlossen und der Anschlagstein stumpf dagegen gestoßen.
- In der 2. Schicht wird der Anschlag eingebunden.

Aufgabe

a) Die Maße des Mauerwerks sind in der 2. Schicht in am angegeben. Tragen Sie die dazugehörigen Nennmaße auf die Maßlinien ein.

b) Tragen Sie die 1. und die 2. Schicht als Blockverband mit NF-Steinen ein.

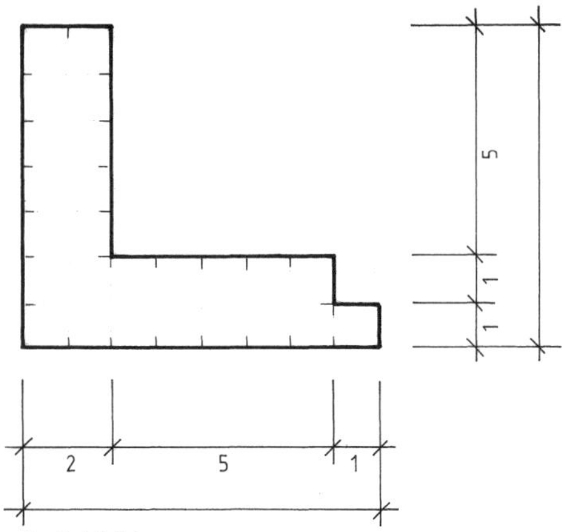

2. Schicht

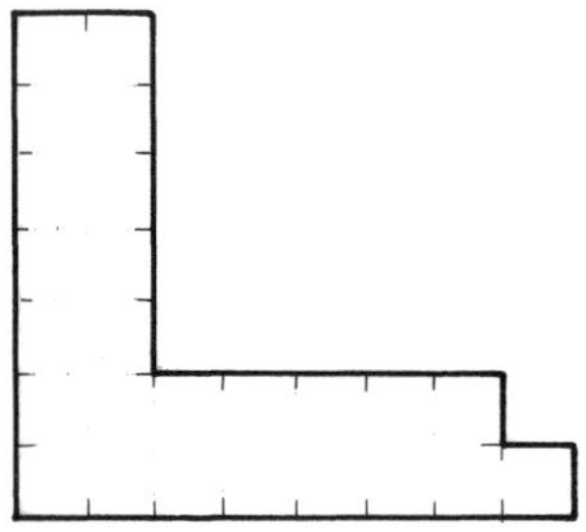

1. Schicht

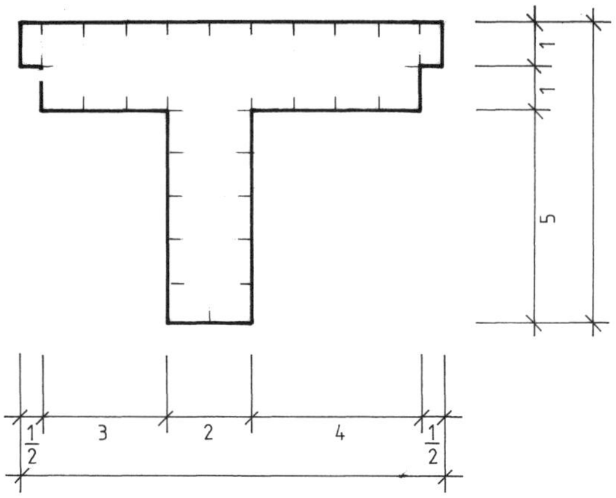

2. Schicht

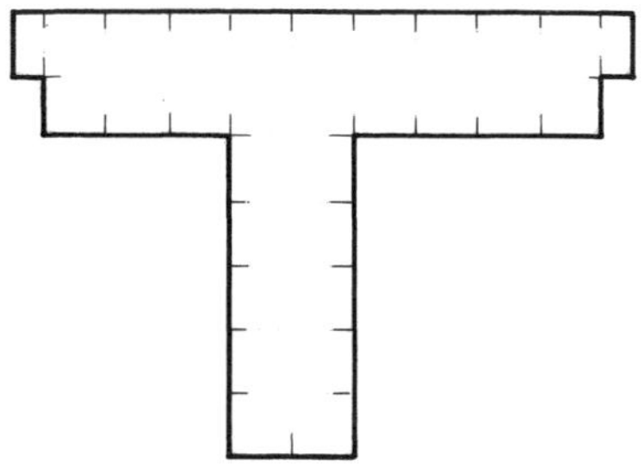

1. Schicht

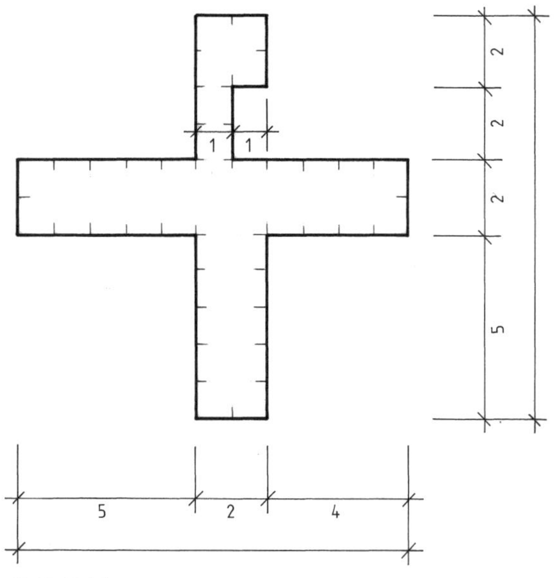

2. Schicht

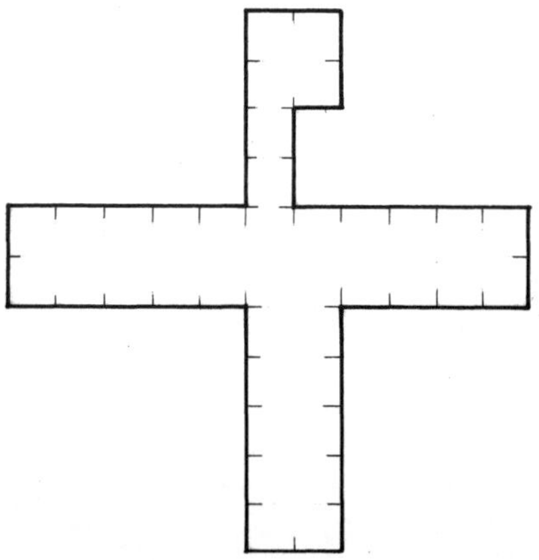

1. Schicht

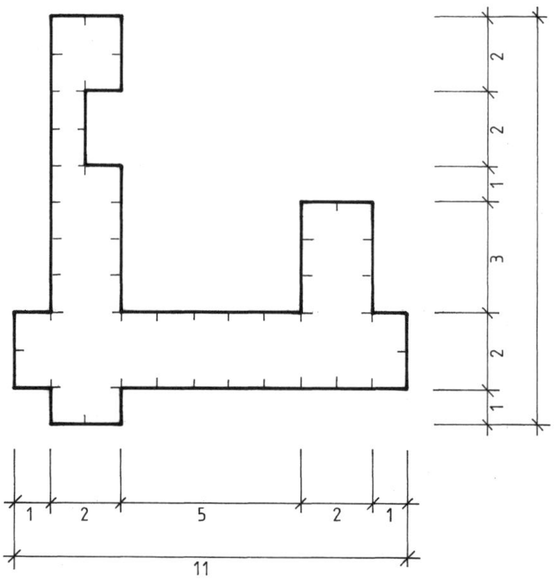

2. Schicht

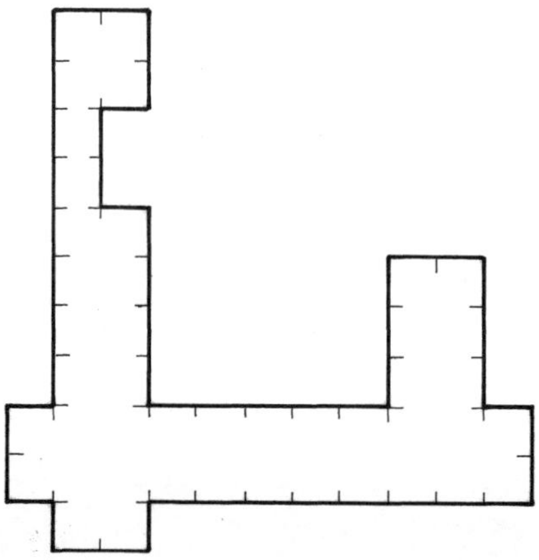

1. Schicht

24 cm dicke Mauer

24 cm dicke Mauer		Blatt-Nr.
Name:	Klasse:	Datum:

Aufgabe

Tragen Sie die 1. bis 4. Schicht als Kreuzverband mit NF-Steinen ein.

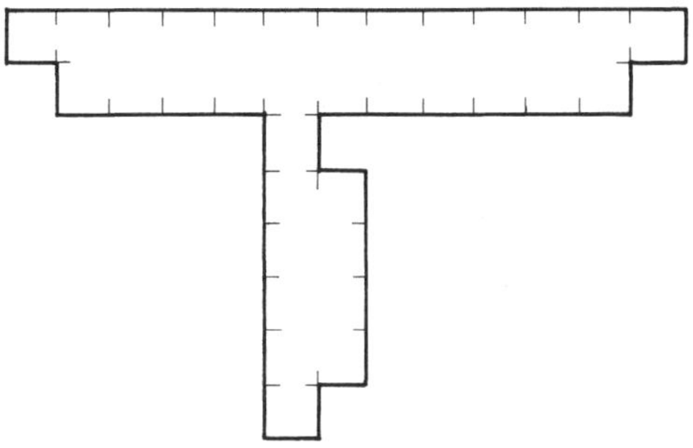

4. Schicht

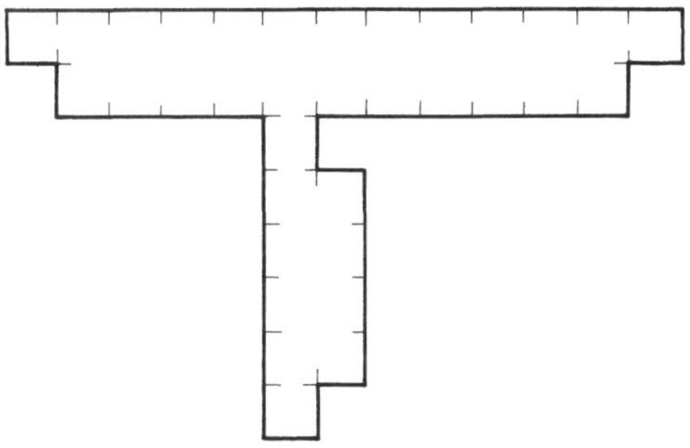

3. Schicht

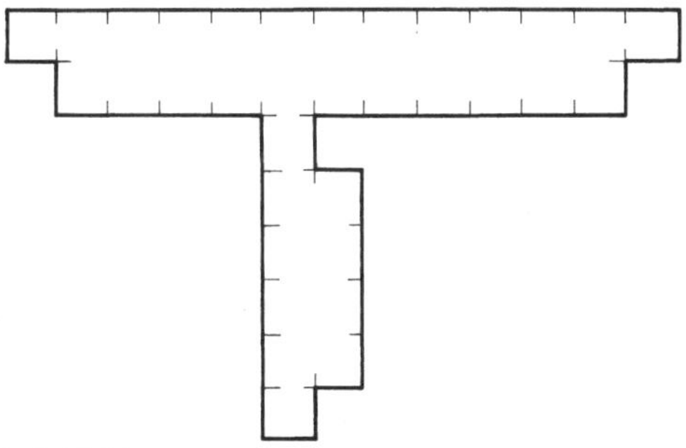

2. Schicht

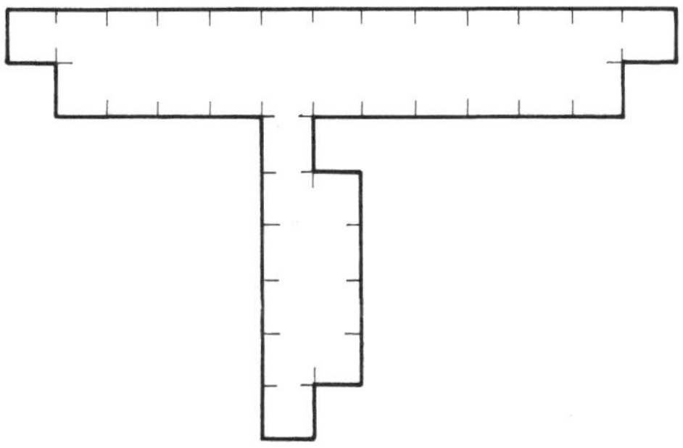

1. Schicht

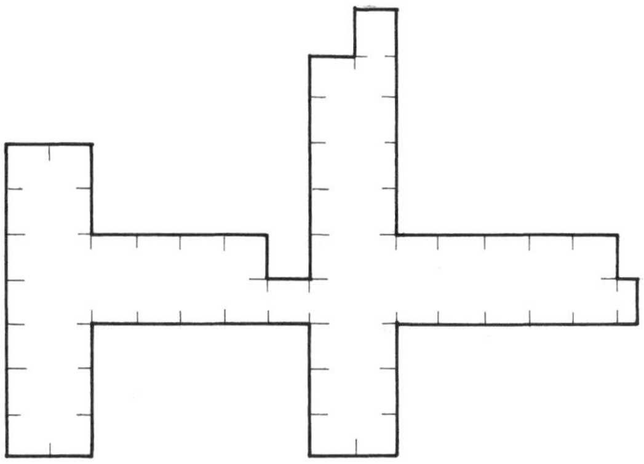

4. Schicht

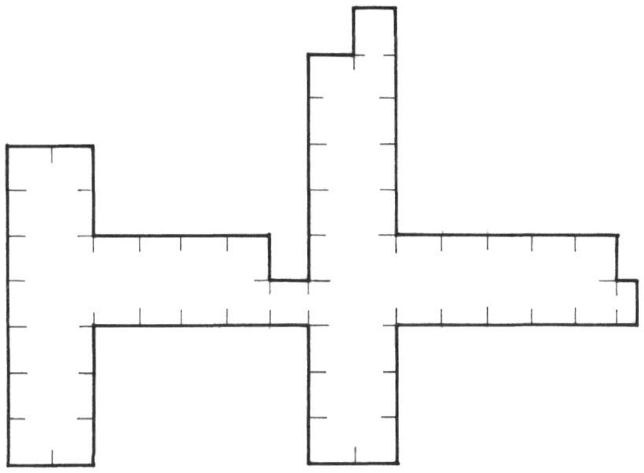

3. Schicht

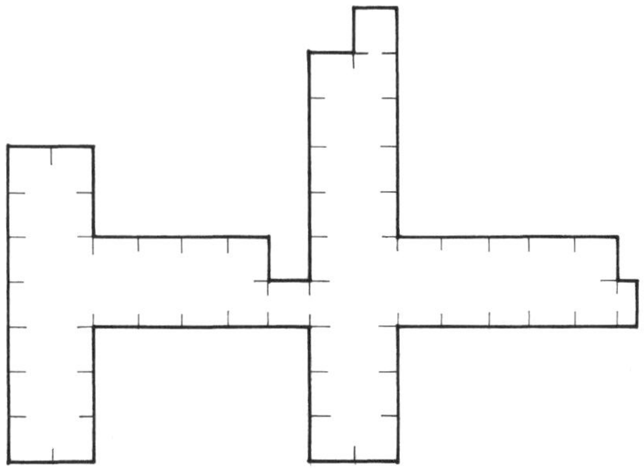

2. Schicht

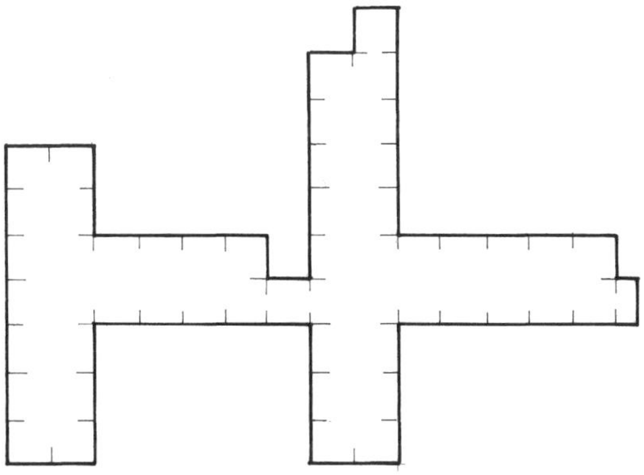

1. Schicht

Aufgabe

Tragen Sie die 1. bis 4. Schicht als Kreuzverband mit NF-Steinen 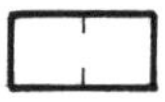 ein.

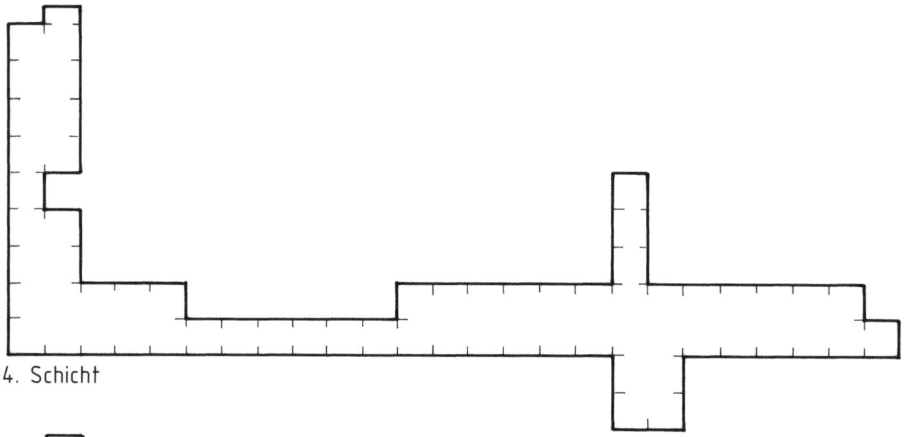

4. Schicht

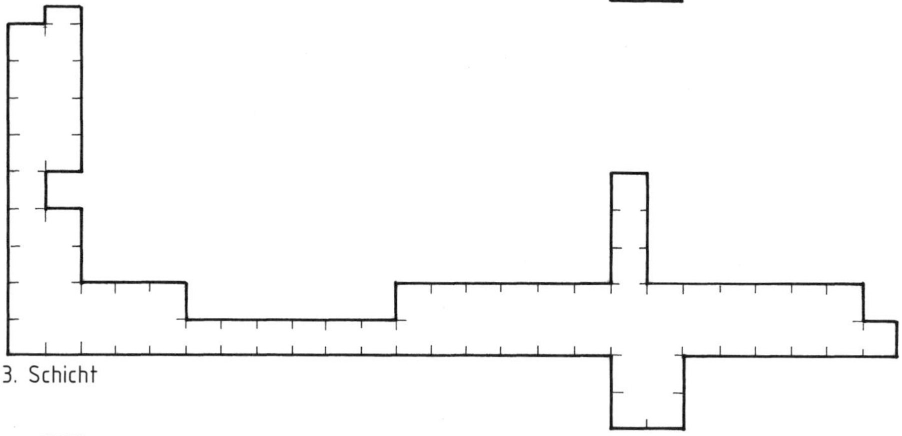

3. Schicht

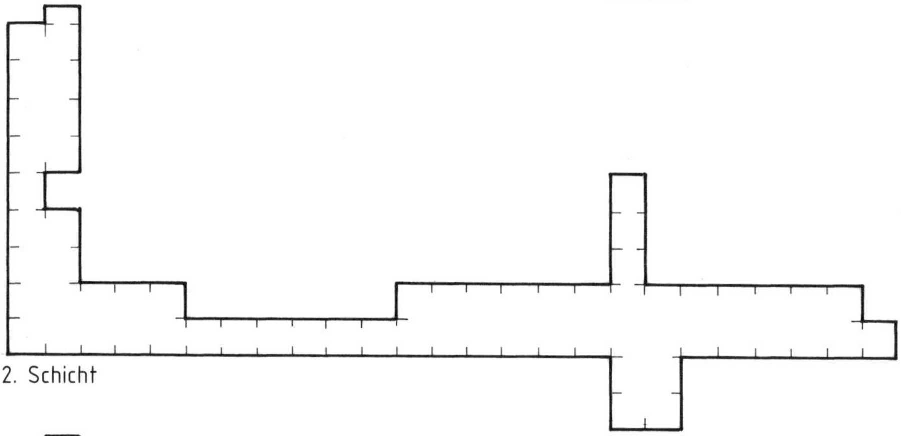

2. Schicht

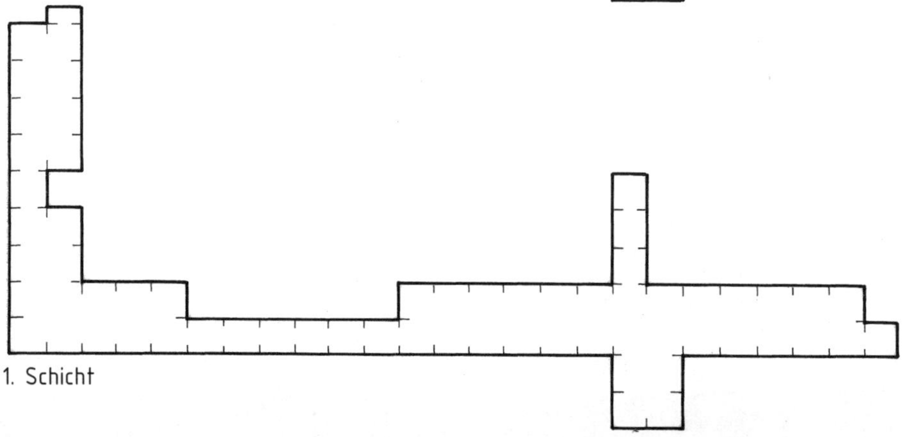

1. Schicht

24 cm/11,5 cm dicke Mauer: gemischte Übungen

Blatt-Nr.		
Name:	Klasse:	Datum:

Aufgabe

Tragen Sie die 1. und 2. Schicht als Blockverband mit NF-Steinen ein.

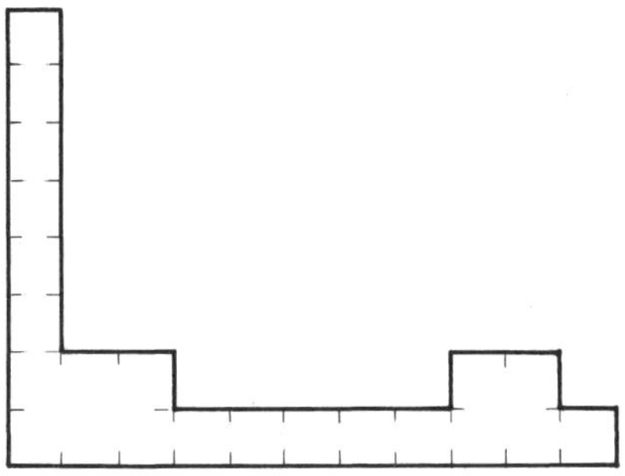

2. Schicht

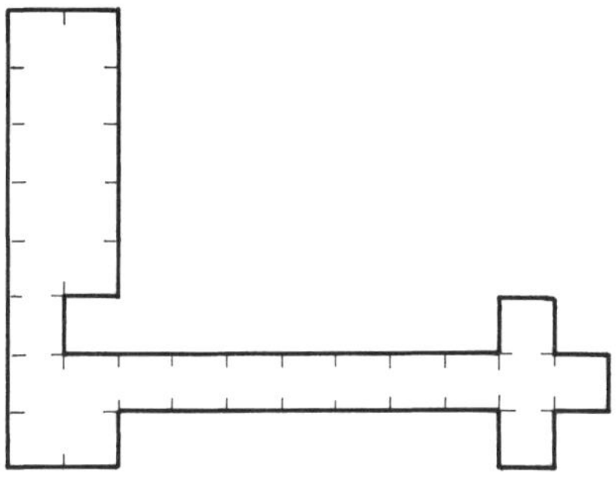

2. Schicht

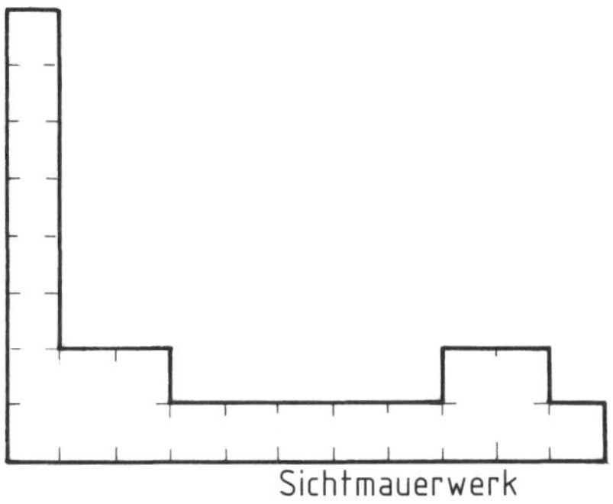

1. Schicht

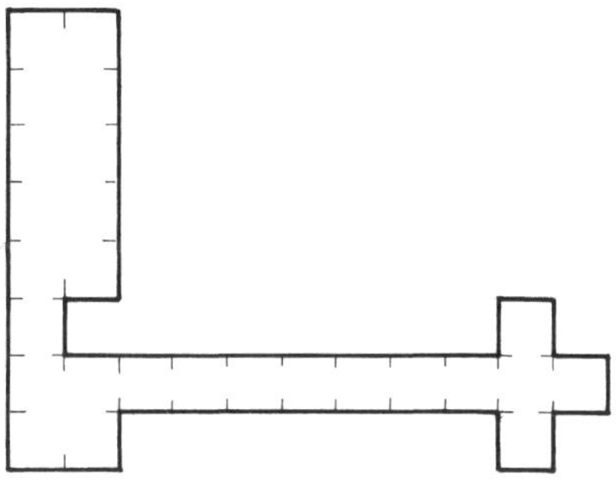

1. Schicht

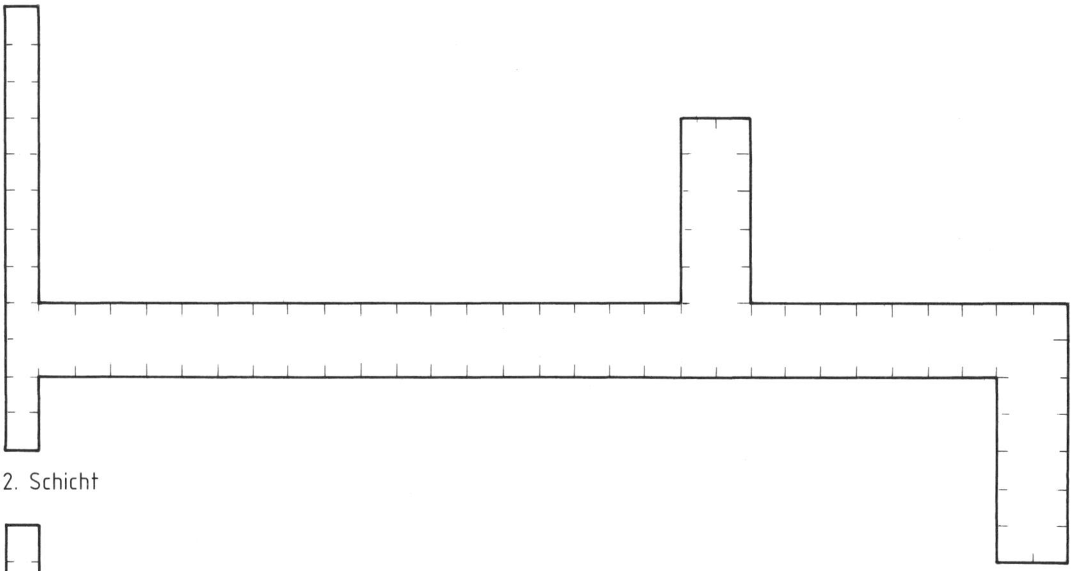

2. Schicht

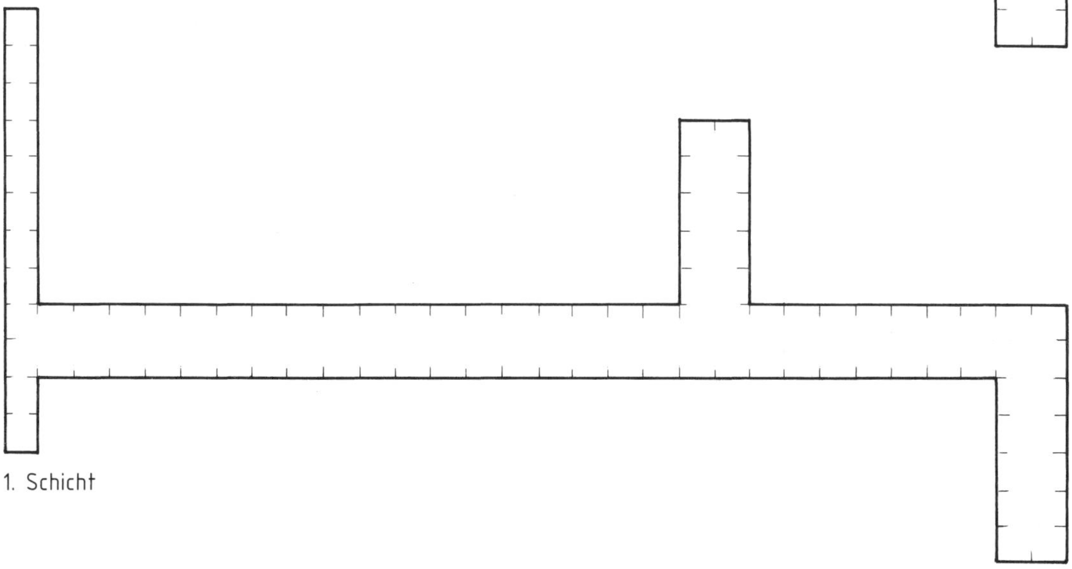

1. Schicht

Aufgabe

Gegeben ist der Grundriss eines **Gartenhauses**. Tragen Sie hierzu die 1. und 2. Schicht als Blockverband mit NF-Steinen ein.

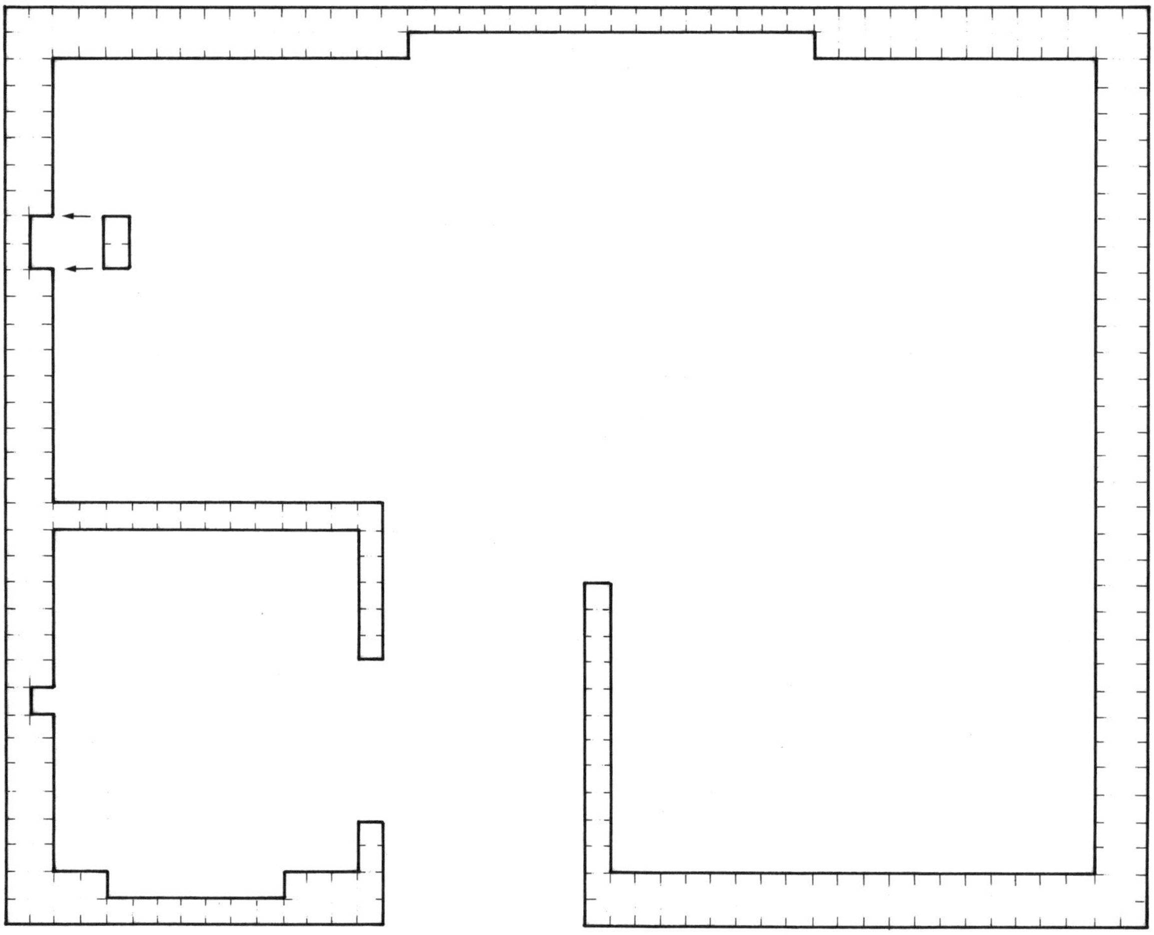

2. Schicht

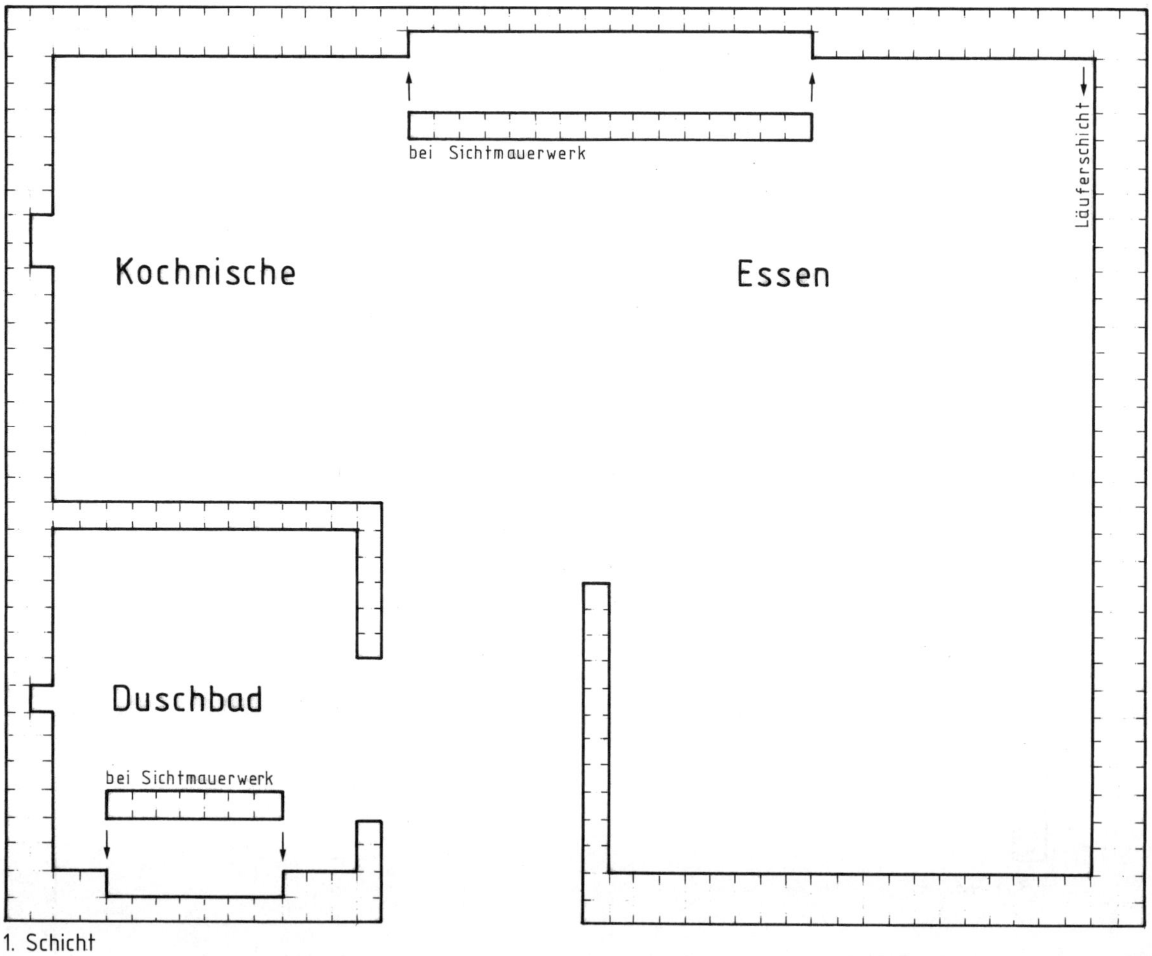

1. Schicht

36,5 cm dicke Mauer

36,5 cm dicke Mauer		Blatt-Nr.
Name:	Klasse:	Datum:

Allgemeines

Bei der 36,5 cm dicken Mauer gibt es keine „richtige" Läufer- und Binderschicht, da jede einzelne Schicht aus Läufern und Bindern besteht:

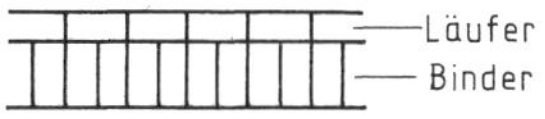

Beispiele

Man bezeichnet daher die Seite, von der aus man die Mauer betrachtet, als Bundseite.
Der Mauerverband muss bei der 36,5 cm dicken Mauer auf beiden Seiten den Regeln entsprechen.

a) **Blockverband**

Ansicht Bundseite

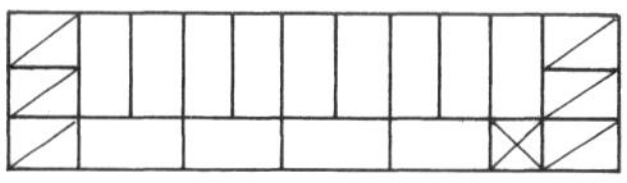

2. Schicht

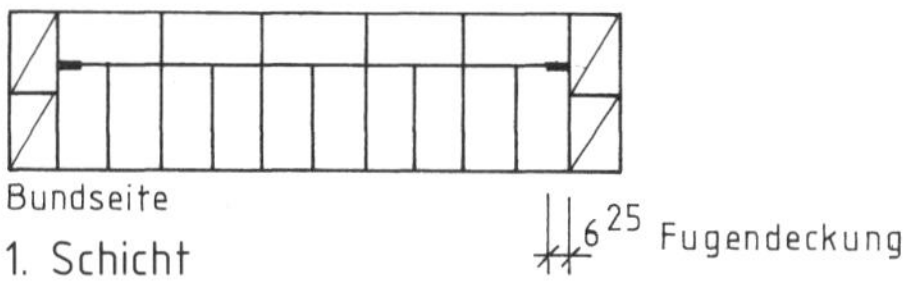

Bundseite
1. Schicht

b) **Kreuzverband**

Ansicht Bundseite

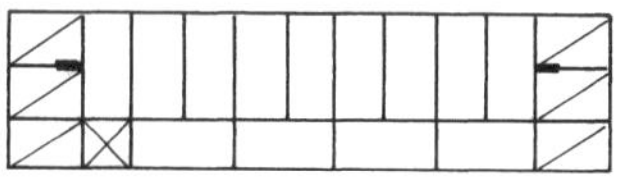

4. Schicht

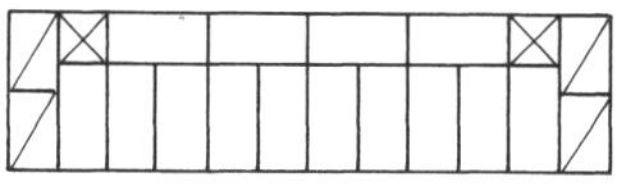

3. Schicht

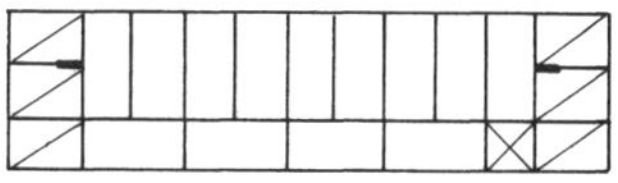

2. Schicht

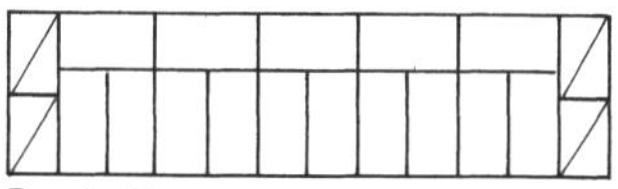

Bundseite
1. Schicht

Regeln

- Die Binderschicht (Bundseite) beginnt und endet mit 2 Dreiviertelsteinen.
- Die Läuferschicht (Bundseite) beginnt und endet mit 3 Dreiviertelsteinen.
- Ansonsten gelten die Regeln der 24 cm dicken Mauer.

Hinweis: Die Fugendeckung von 1/2 am = 6,25 cm ist erlaubt, um nicht so viele Steine schlagen zu müssen. Statisch ist diese Fugendeckung unbedenklich. Man kann sie jedoch vermeiden, wenn man die Binderschicht (Bundseite) mit 4 Dreiviertelsteinen beginnen und enden lässt.

a) Blockverband

2. Schicht

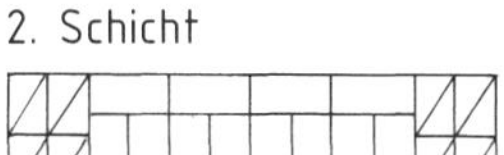

1. Schicht

b) Kreuzverband

4. Schicht

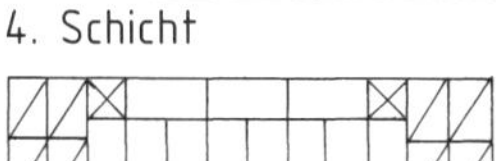

3. Schicht

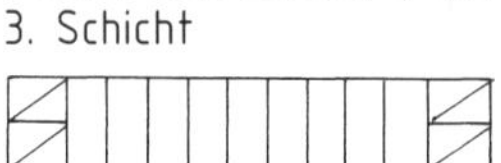

2. Schicht

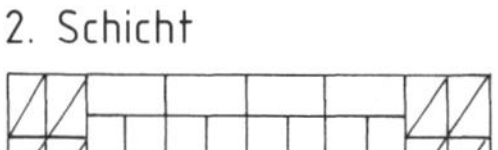

1. Schicht

Ecke

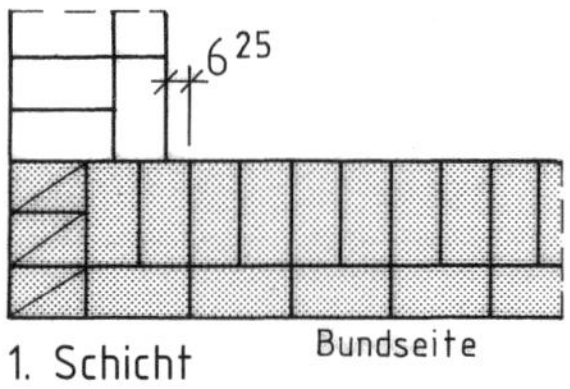

1. Schicht

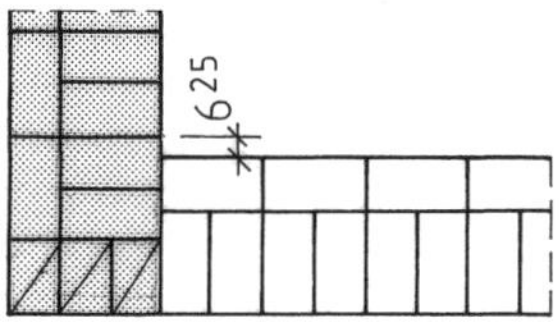

2. Schicht

Anschluss

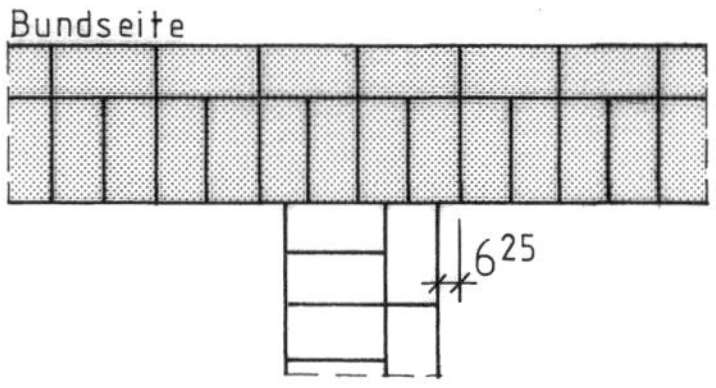

1. Schicht

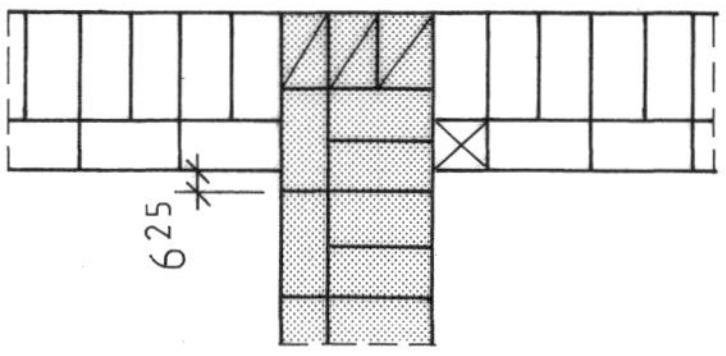

2. Schicht

Kreuzung

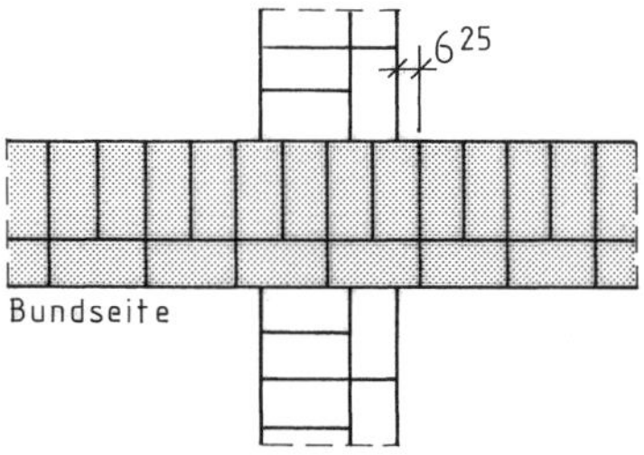

1. Schicht

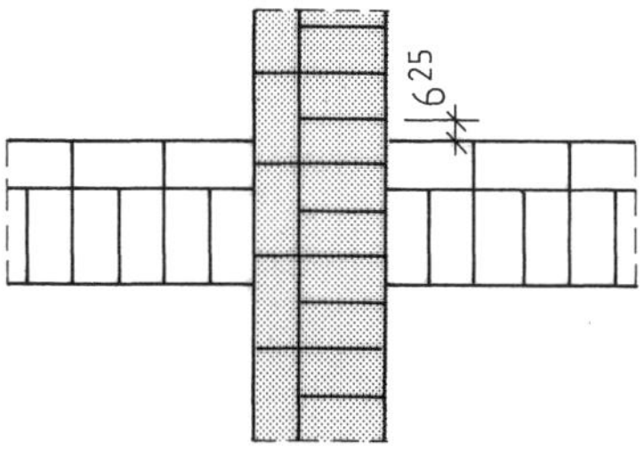

2. Schicht

Für Ecke, Anschluss und Kreuzung gelten folgende

Regeln
- Die Läuferschicht (Bundseite) geht durch, die Binderschicht stößt stumpf dagegen.
- In der Binderschicht (Bundseite) wird eingebunden.
- Ansonsten gelten die Regeln für die 24 cm dicke Mauer. Dies gilt auch für den Kreuzverband.

Nische

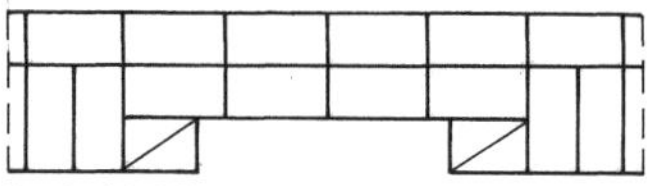
2. Schicht

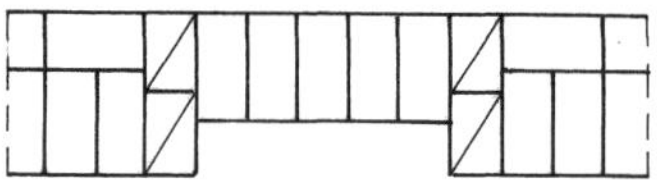
2. Schicht

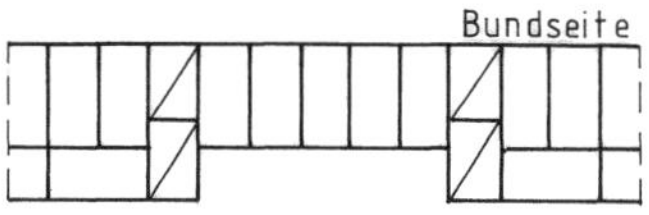

1. Schicht

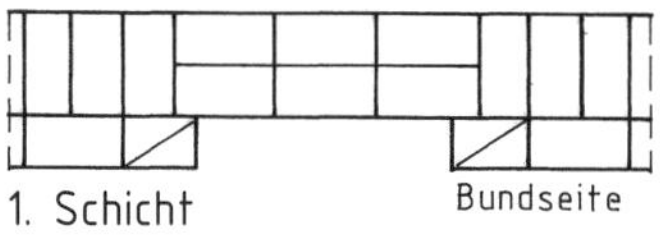

1. Schicht

Regeln
- Im Bereich der Nische gelten die Regeln für das Mauerende.

Anschläge

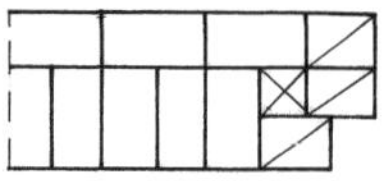
2. Schicht

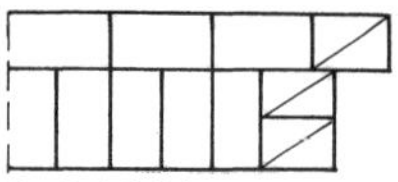
2. Schicht

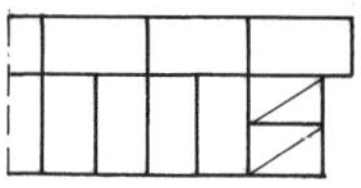
2. Schicht

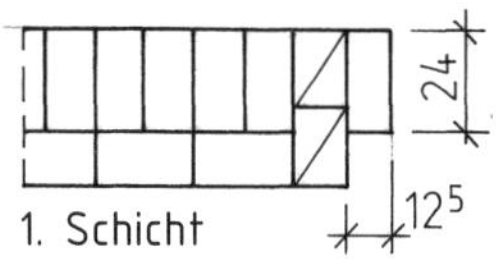

1. Schicht

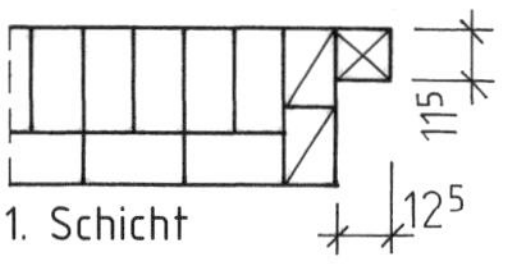

1. Schicht

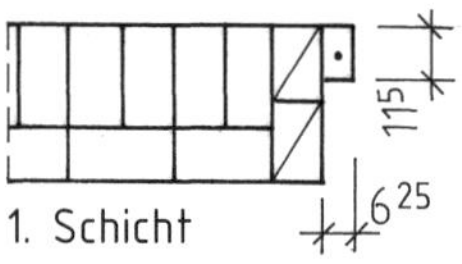

1. Schicht

Vorlagen

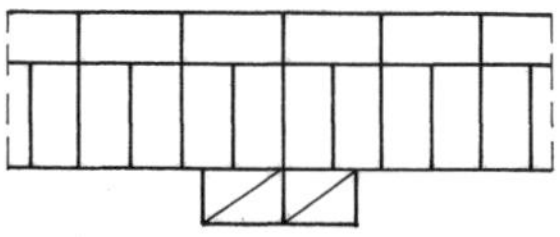
2. Schicht

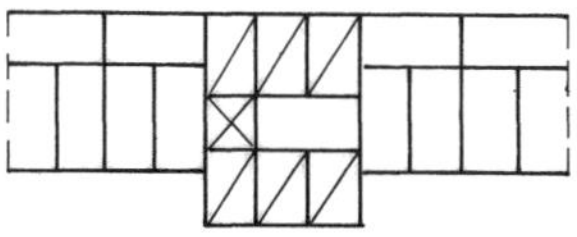
2. Schicht

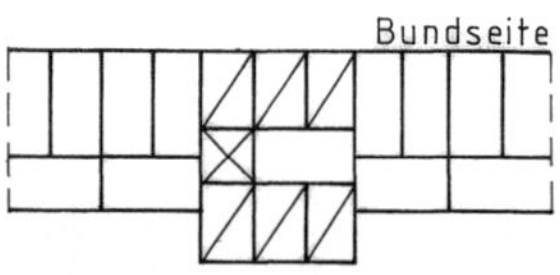

1. Schicht

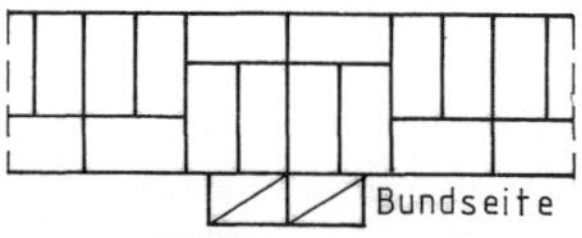

1. Schicht

Tragfähigkeit geringer, da 2 Läufer nebeneinander!

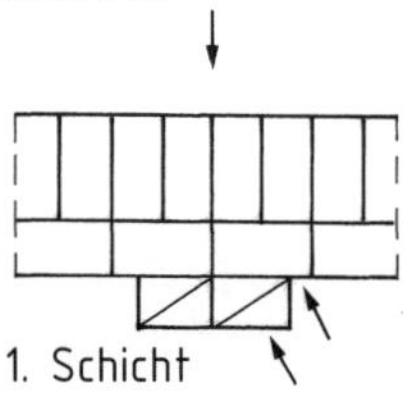
oder 1. Schicht

Regeln
- Es gelten die gleichen Regeln wie für die 24 cm dicke Mauer.

36,5 cm/11,5 cm dicke Mauer

36,5 cm/11,5 cm dicke Mauer		Blatt-Nr.
Name:	Klasse:	Datum:

Ecke

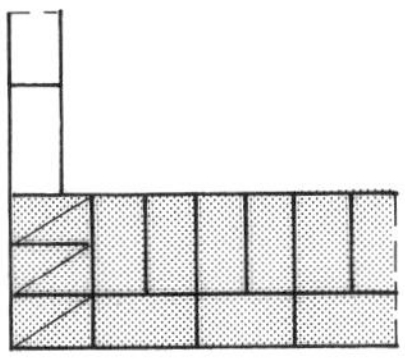

2. Schicht

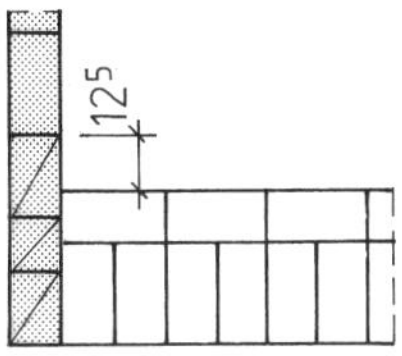

1. Schicht

oder

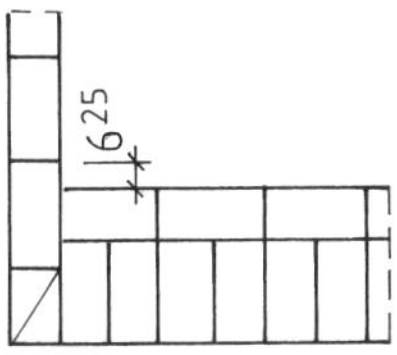

1. Schicht

Der eigentliche Läuferverband mit 12,5 cm Fugenversatz ist hier nicht mehr gegeben.

Anschluss

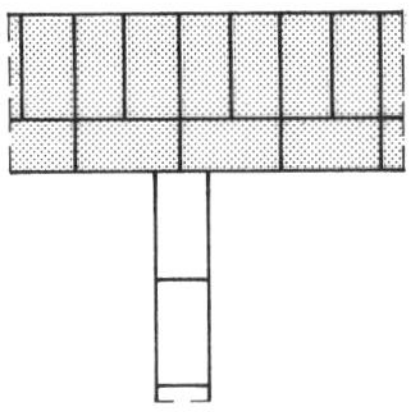

2. Schicht

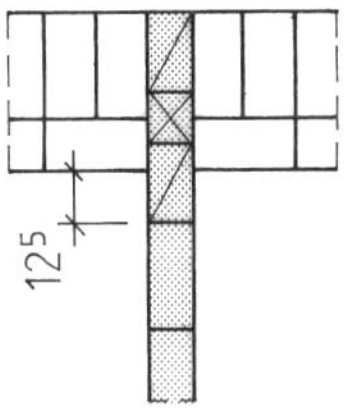

2. Schicht oder

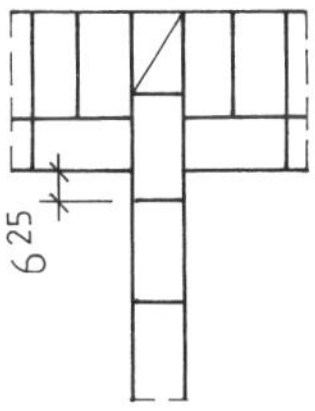

2. Schicht oder

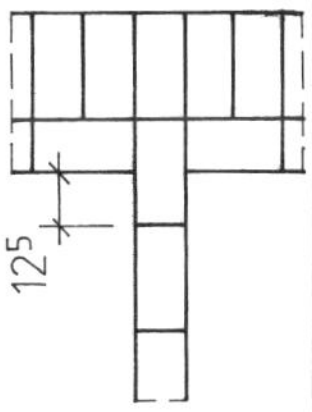

2. Schicht

Weniger Steine schlagen, aber Läuferverband mit 12,5 cm Fugenversatz ist nicht mehr gegeben.

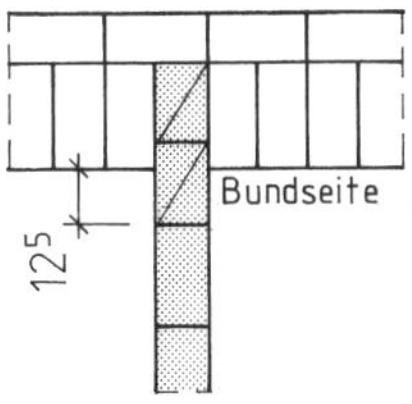

1. Schicht oder

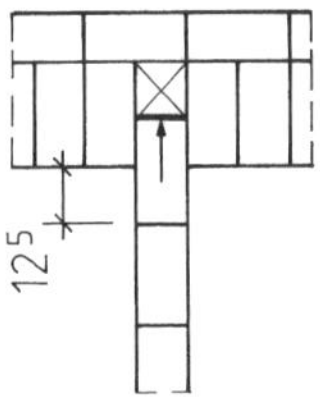

1. Schicht oder

Fugendeckung von 12,5 cm möglich, sollte aber der besseren Kraftübertragung wegen vermieden werden.

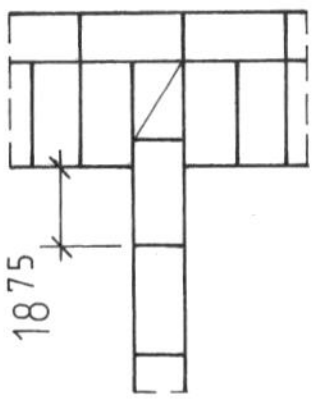

1. Schicht oder

Weniger Steine schlagen, aber Läuferverband mit 12,5 cm Fugenversatz ist nicht mehr gegeben.

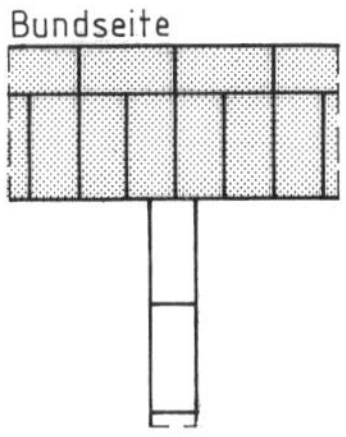

1. Schicht

Kreuzung

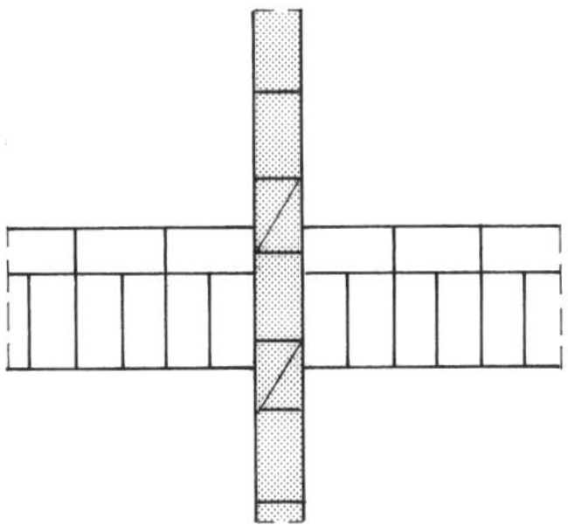

2. Schicht

oder

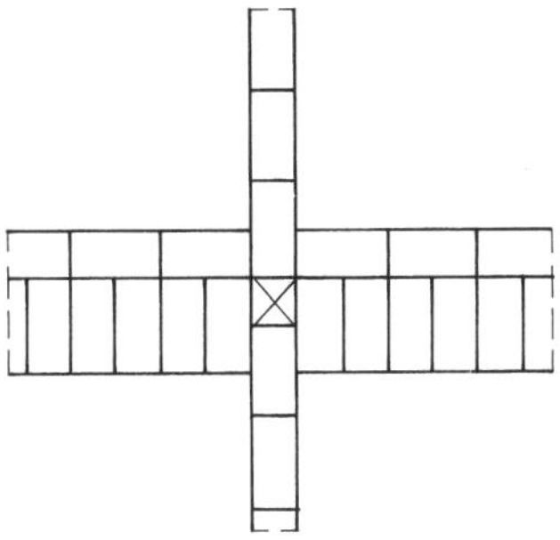

2. Schicht

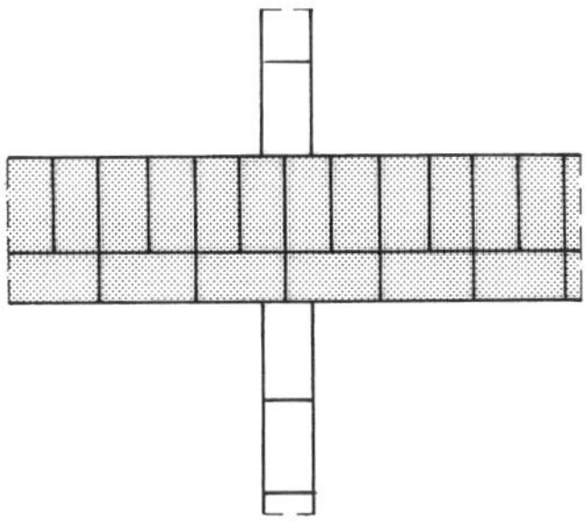

1. Schicht

Aufgabe

Tragen Sie die 1. und 2. Schicht als Blockverband mit NF-Steinen ein.

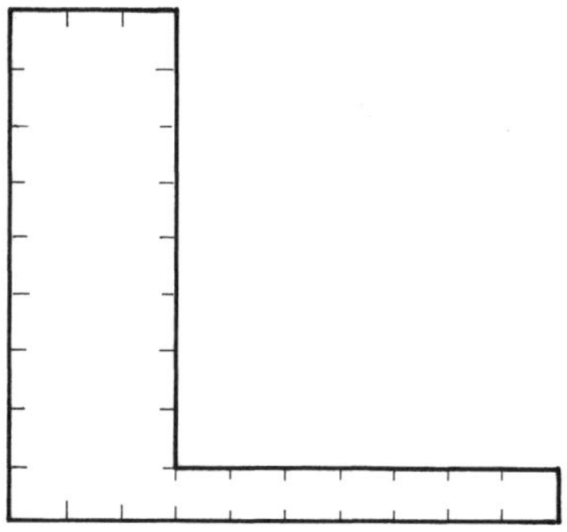

2. Schicht

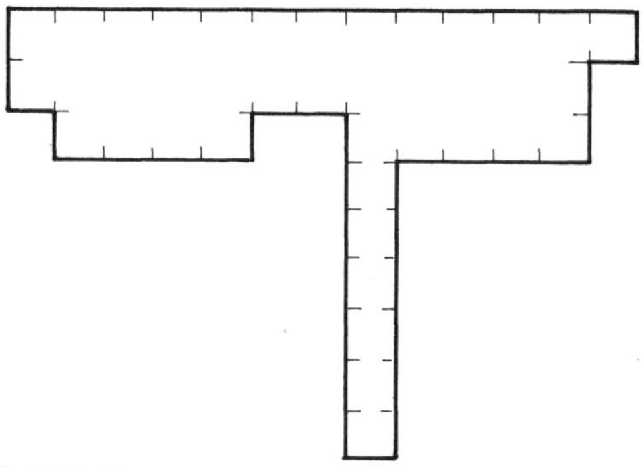

2. Schicht

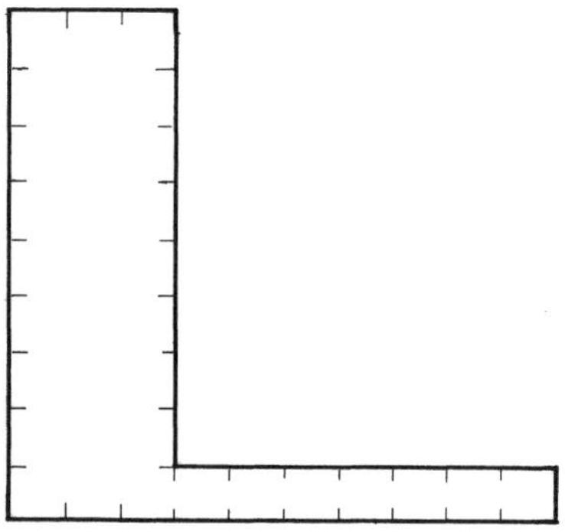

1. Schicht

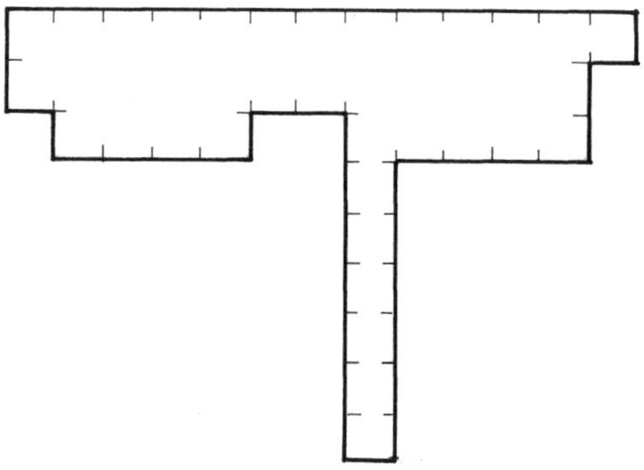

1. Schicht

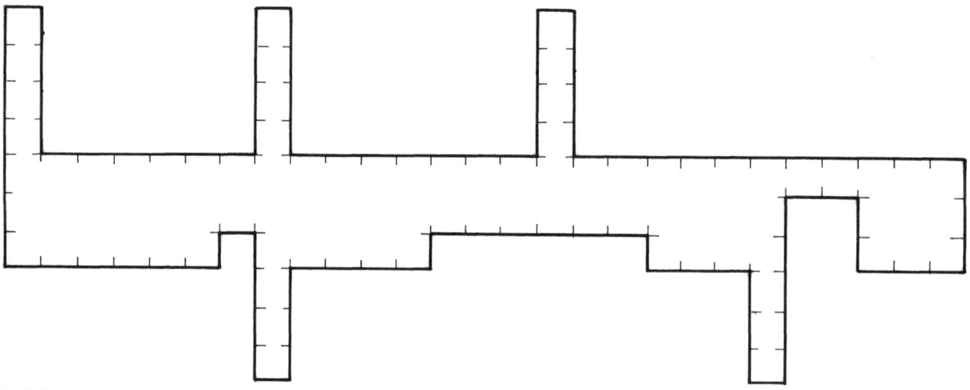

2. Schicht

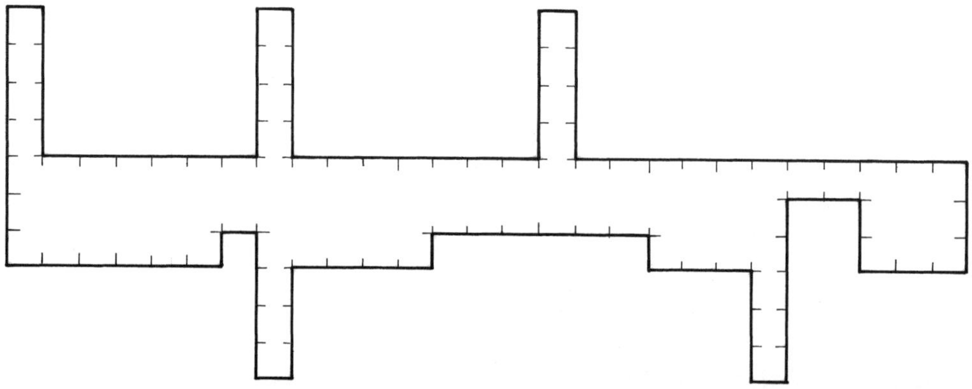

1. Schicht

36,5 cm/24 cm dicke Mauer

Blatt-Nr.	
Name:	Klasse:	Datum:

Ecke

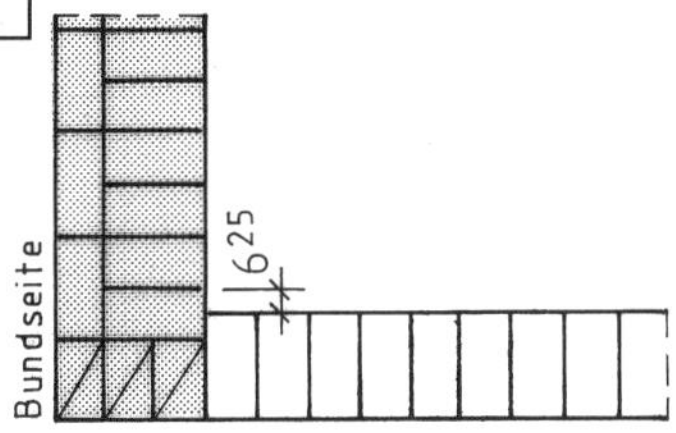

1. Schicht

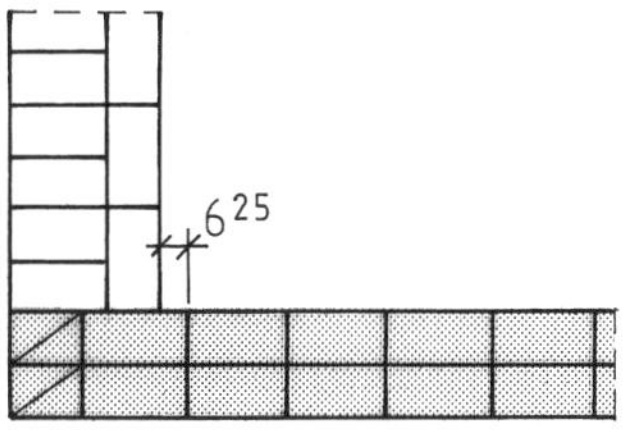

2. Schicht

Anschluss

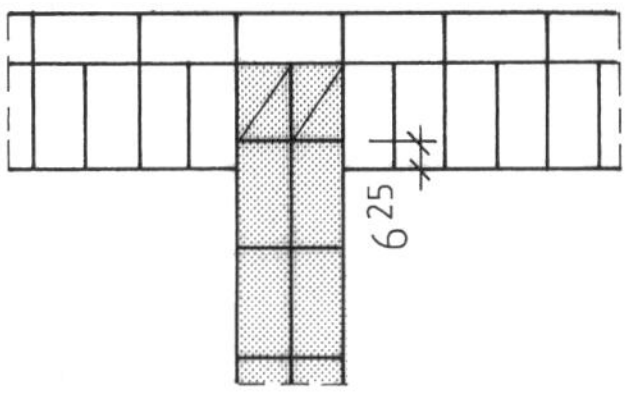

2. Schicht

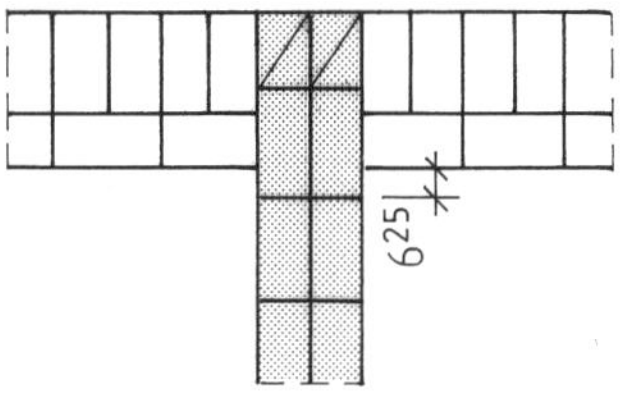

2. Schicht

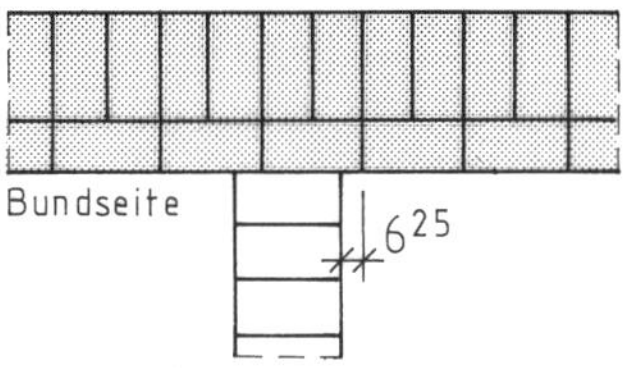

1. Schicht

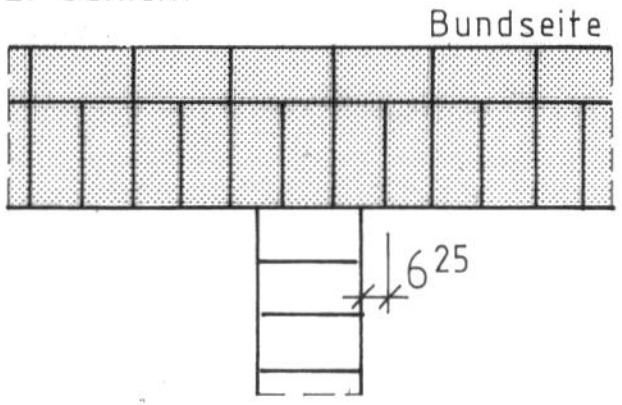

1. Schicht

Kreuzung

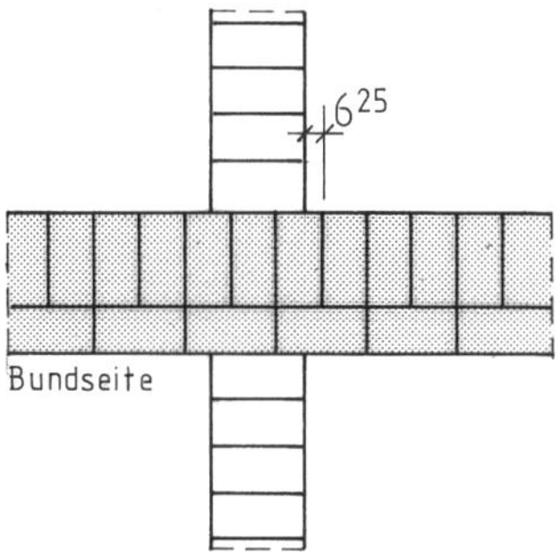

1. Schicht

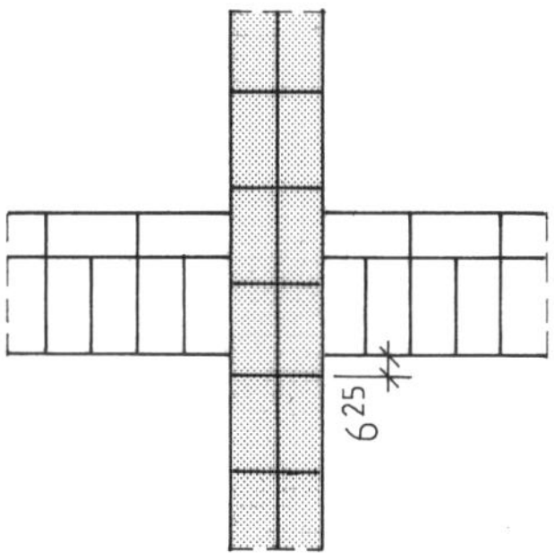

2. Schicht

Für Ecke, Anschluss und Kreuzung gelten folgende

Regeln

- Die Läuferschicht (Bundseite) geht durch, die Binderschicht stößt stumpf dagegen.
- In der Binderschicht (Bundseite) wird eingebunden.
- Fugenversatz zur querlaufenden Wand 1/2 am ≙ 6,25 cm.
- Ansonsten gelten die Regeln für die 24 cm dicke Mauer. Dies gilt auch für den Kreuzverband.

Aufgabe

Tragen Sie die 1. und 2. Schicht als Blockverband mit NF-Steinen ein.

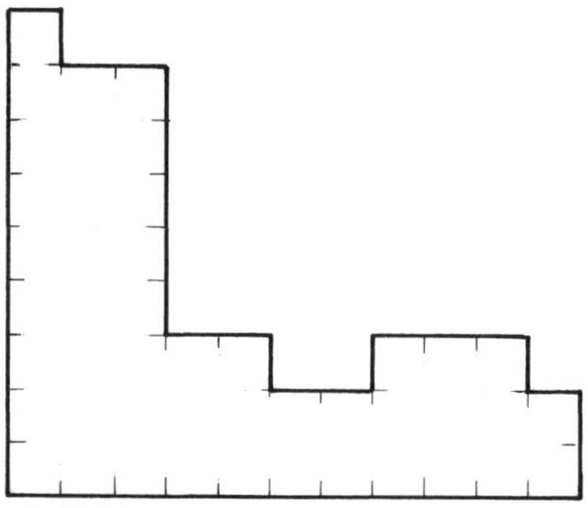

2. Schicht

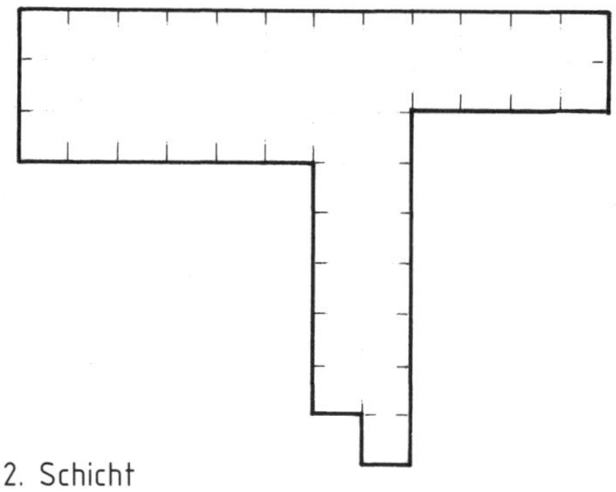

2. Schicht

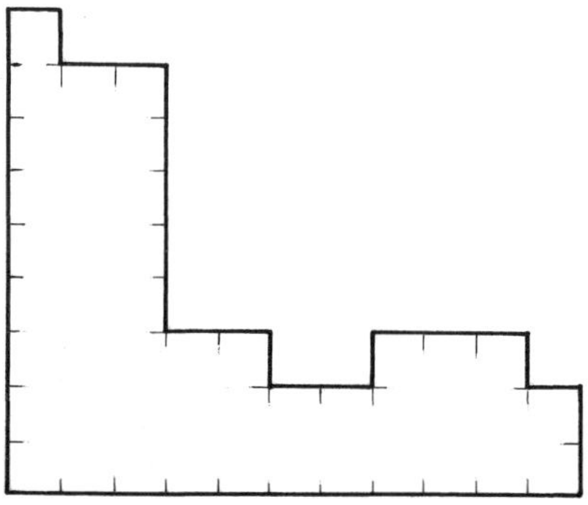

1. Schicht

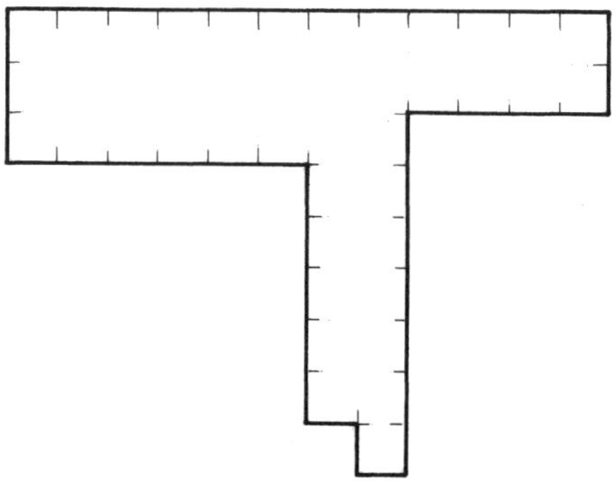

1. Schicht

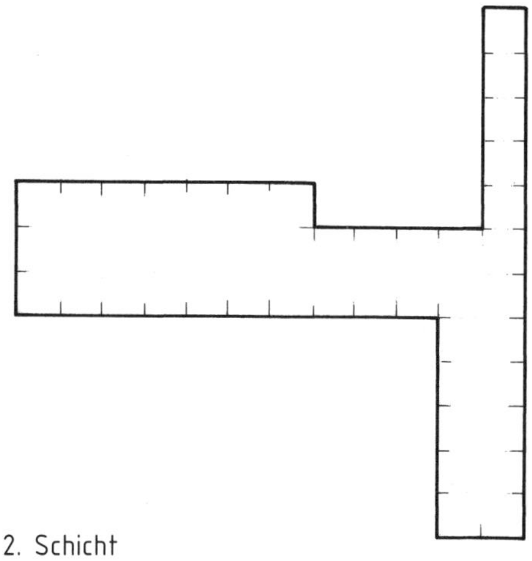

2. Schicht

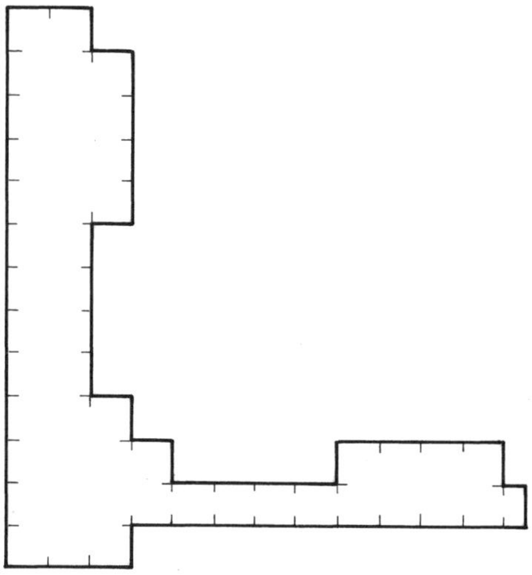

2. Schicht

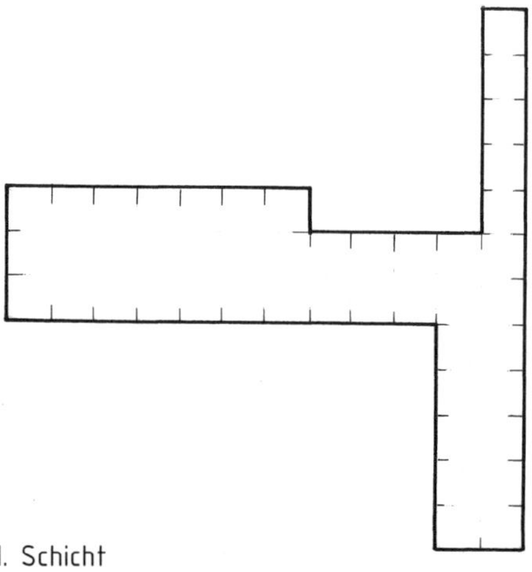

1. Schicht

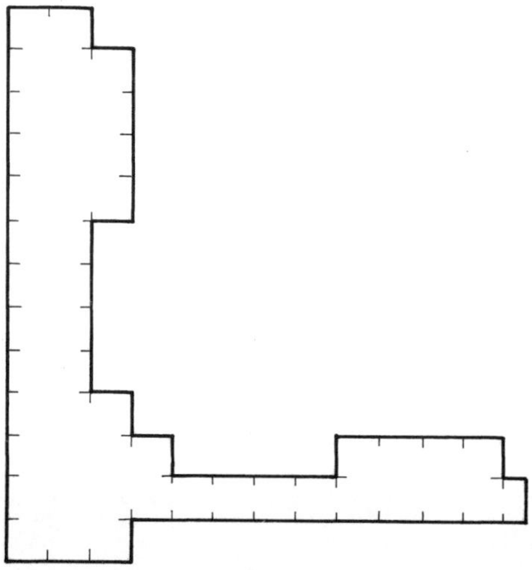

1. Schicht

Umgeworfener Verband

Umgeworfener Verband		Blatt-Nr.
Name:	Klasse:	Datum:

Allgemeines

Hat eine Mauer eine Länge von $n \times 12{,}5$ cm + 1/2 am, so ist der **umgeworfene Verband** anzuwenden.

Beispiel

a) ungerade Anzahl am + 1/2 am,
z. B. 11 1/2 am ≙ 1,4275 m

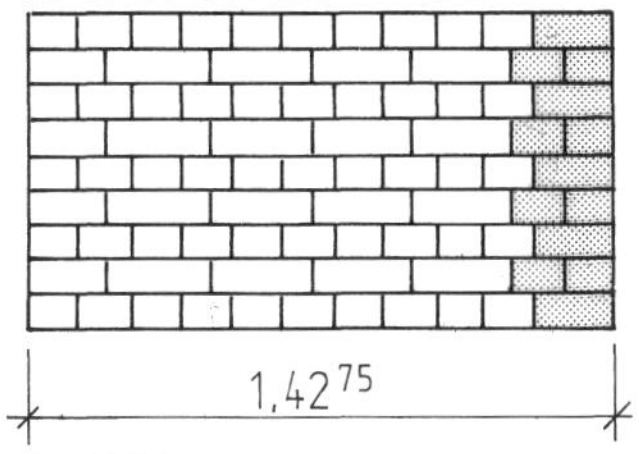

Ansicht

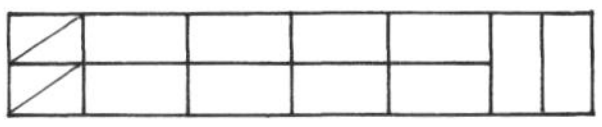

2. Schicht

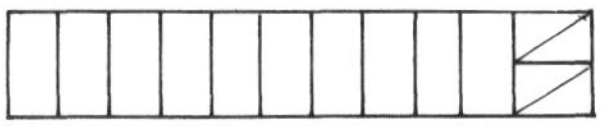

1. Schicht

b) gerade Anzahl am + 1/2 am,
z. B. 12 1/2 am ≙ 1,5525 m

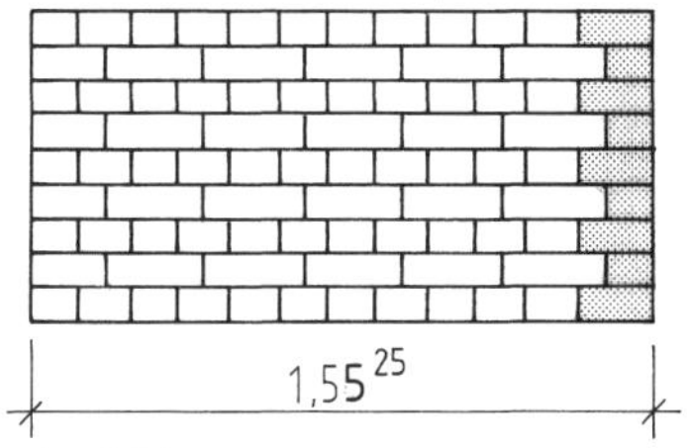

Ansicht

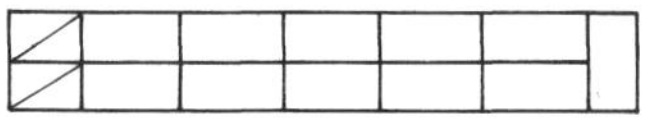

2. Schicht

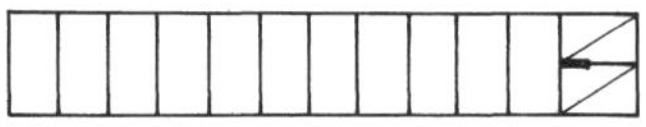

1. Schicht

Regeln

- Die Binderschicht beginnt mit einem Binder und endet mit 2 Dreiviertelsteinen.
- Die Läuferschicht beginnt mit 2 Dreiviertelsteinen und endet mit einem bzw. 2 Bindern.

Beispiele für den **Kreuzverband:**

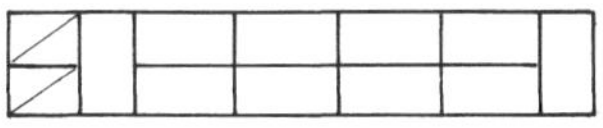

4. Schicht

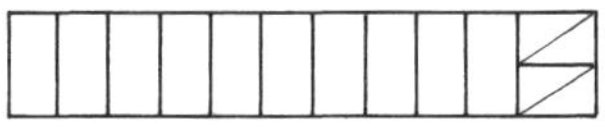

3. Schicht

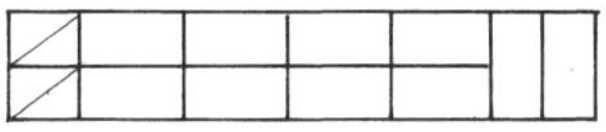

2. Schicht

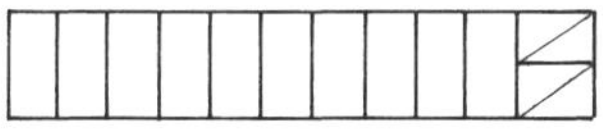

1. Schicht

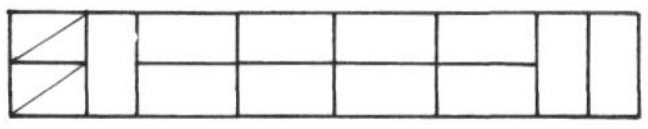

4. Schicht

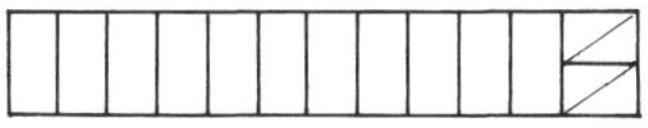

3. Schicht

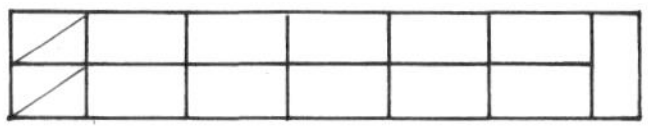

2. Schicht

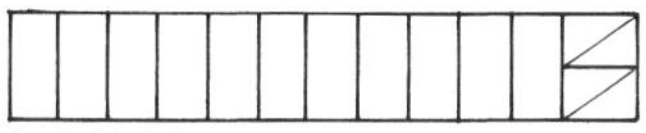

1. Schicht

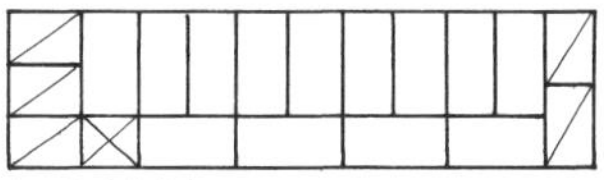

4. Schicht

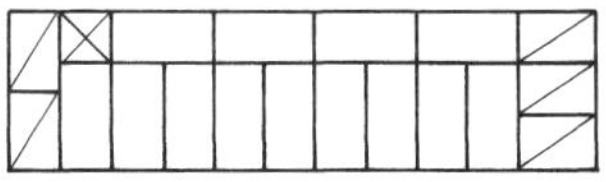

3. Schicht

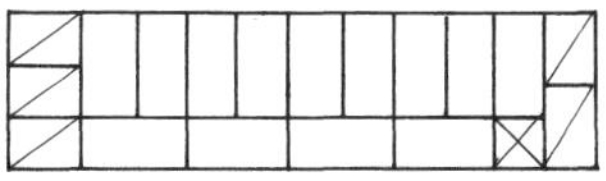

2. Schicht

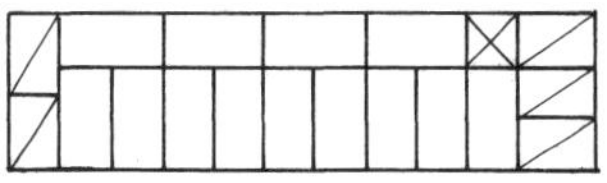

1. Schicht

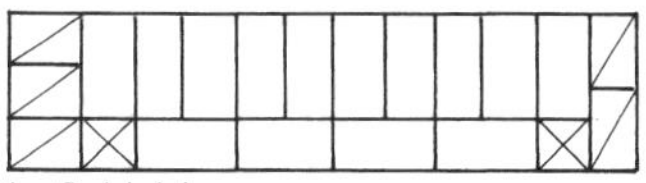

4. Schicht

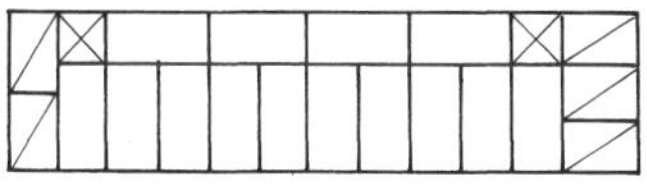

3. Schicht

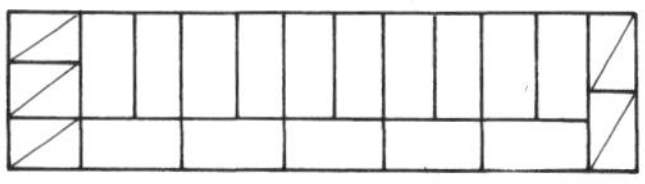

2. Schicht

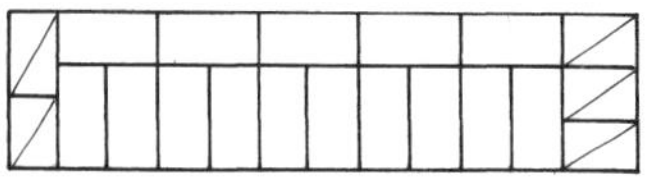

1. Schicht

Aufgabe Tragen Sie die 1. und 2. Schicht als umgeworfenen Verband mit NF-Steinen ein.

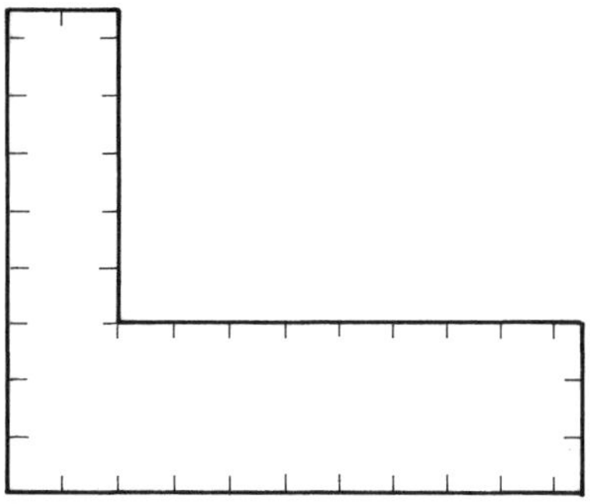

2. Schicht

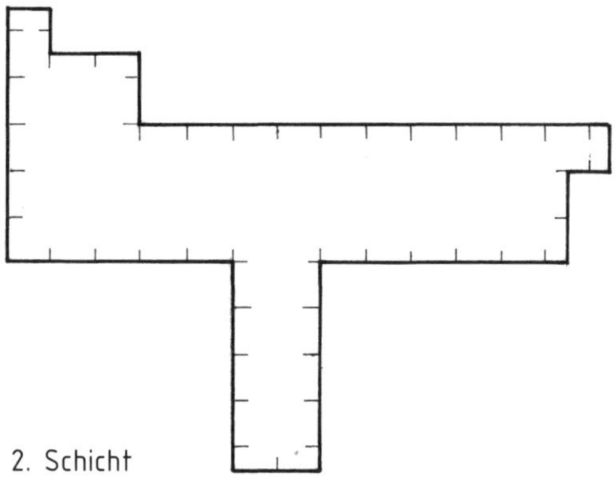

2. Schicht

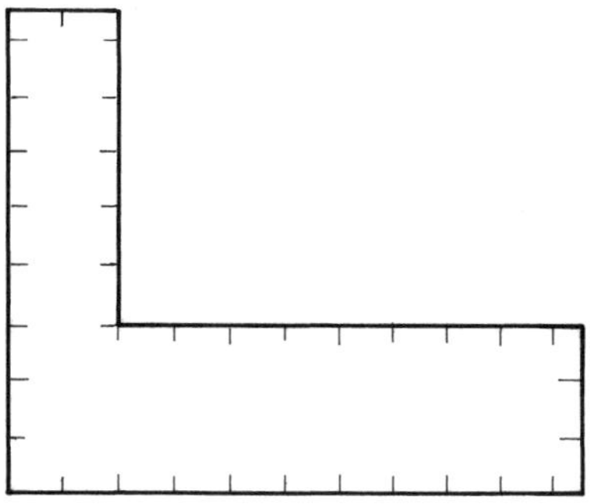

1. Schicht

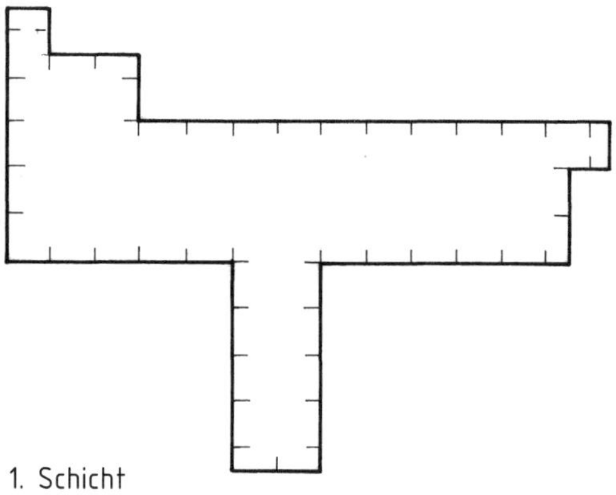

1. Schicht

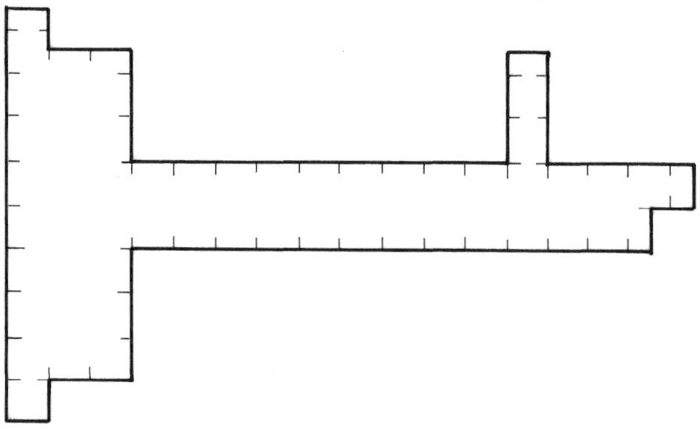

2. Schicht

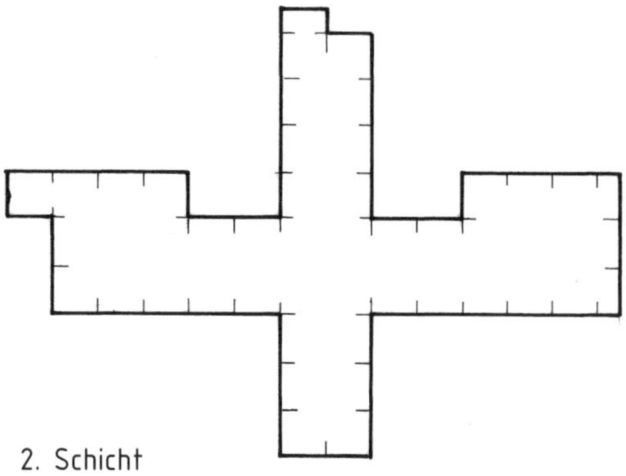

2. Schicht

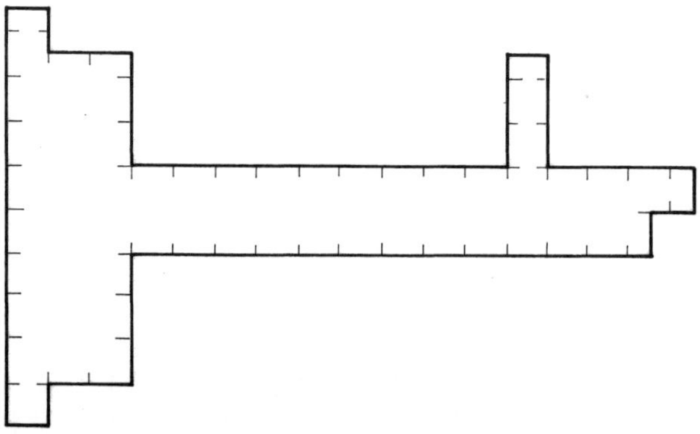

1. Schicht

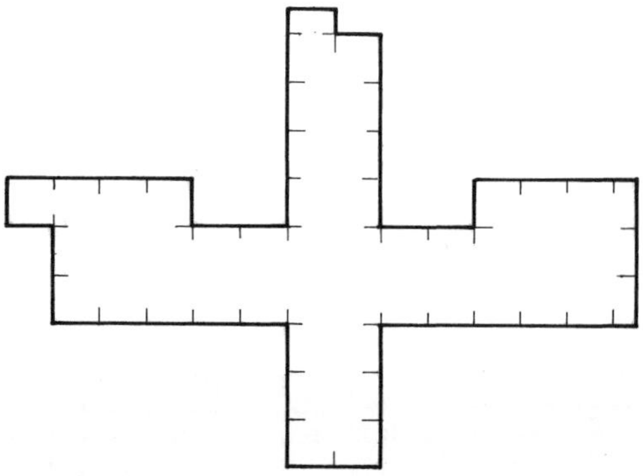

1. Schicht

36,5 cm/24 cm/11,5 cm dicke Mauer

Blatt-Nr.

Name: | Klasse: | Datum:

Aufgabe Tragen Sie für die Mauerstücke die 1. und 2. Schicht als Blockverband mit NF-Steinen ein.

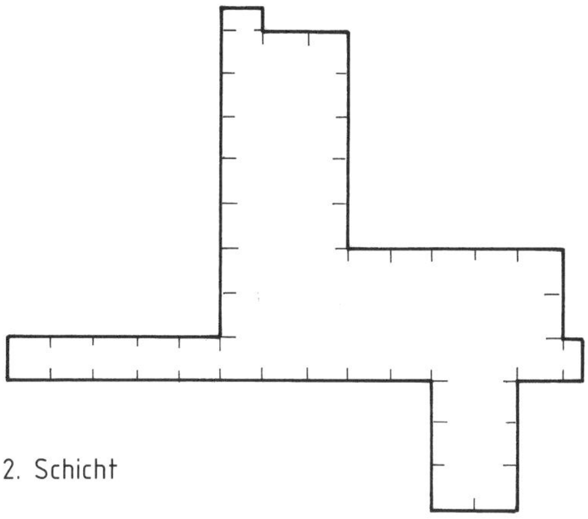

2. Schicht

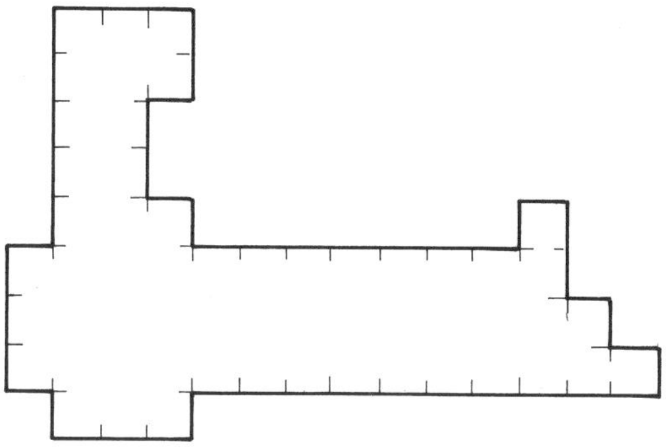

2. Schicht

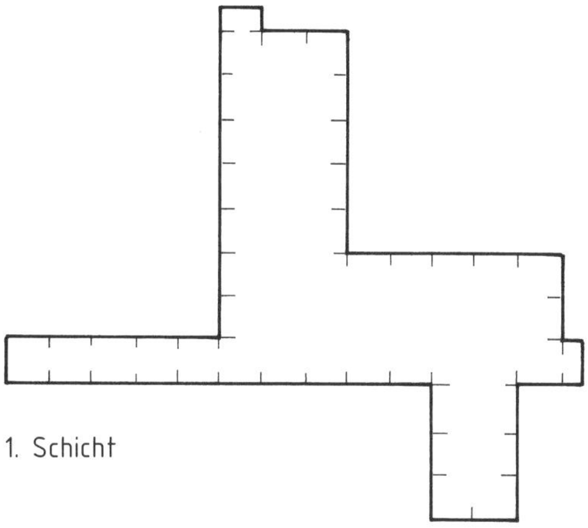

1. Schicht

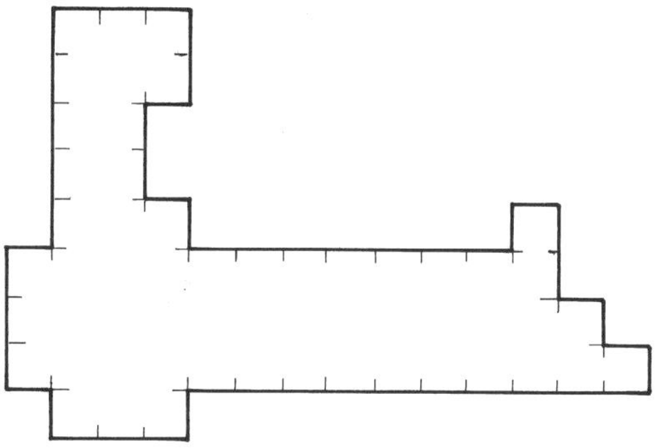

1. Schicht

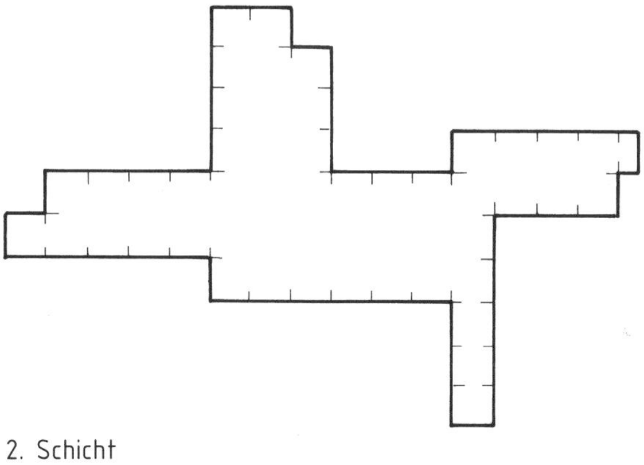

2. Schicht

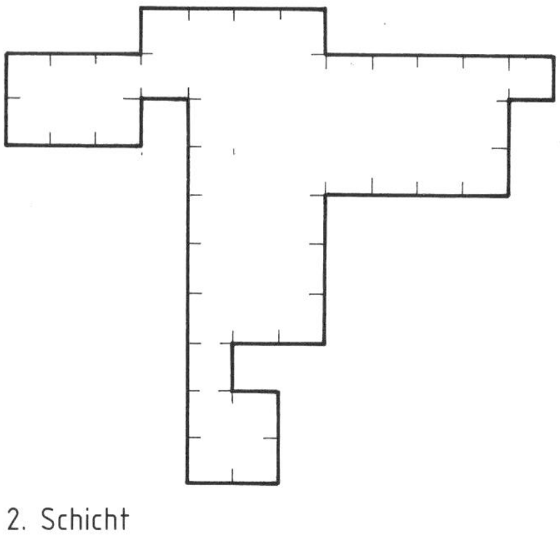

2. Schicht

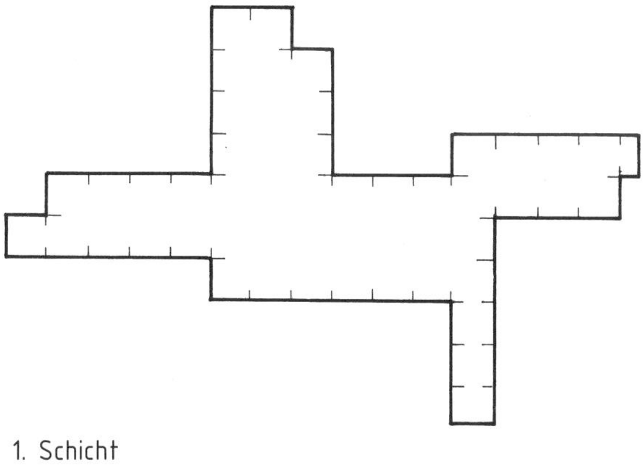

1. Schicht

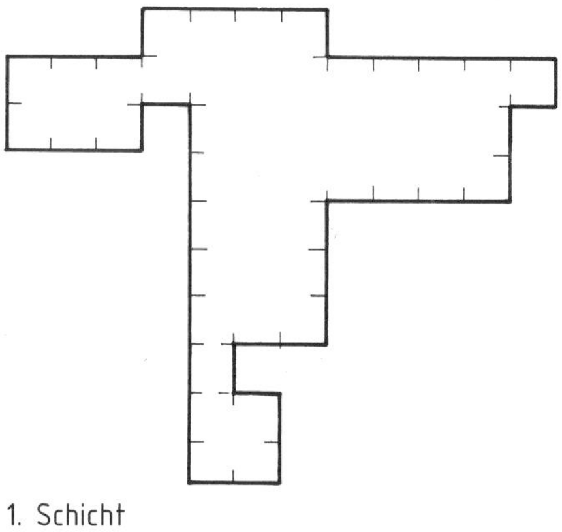

1. Schicht

Pfeiler

Allgemeines

Pfeiler sind schlanke Mauerteile, die meist stärker belastet werden als normales Mauerwerk. Sie müssen daher mit größter Sorgfalt gemauert werden. Es ist vor allem darauf zu achten, dass keine Stoßfugendeckung entsteht.

Beispiele

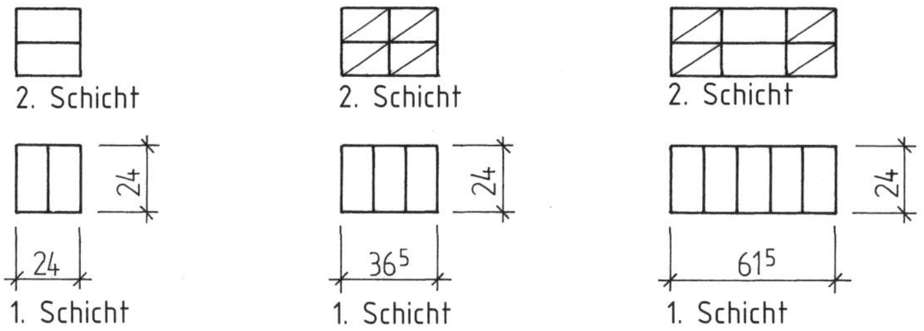

Regeln

- Pfeiler werden wie eine Mauer mit zwei Enden gemauert. Es gelten die Regeln für das Mauerende wie bei der 24 cm und 36,5 cm dicken Mauer.

Aufgabe

Tragen Sie für die verschiedenen Pfeilerformen jeweils die 1. und 2. Schicht mit NF-Steinen ein.

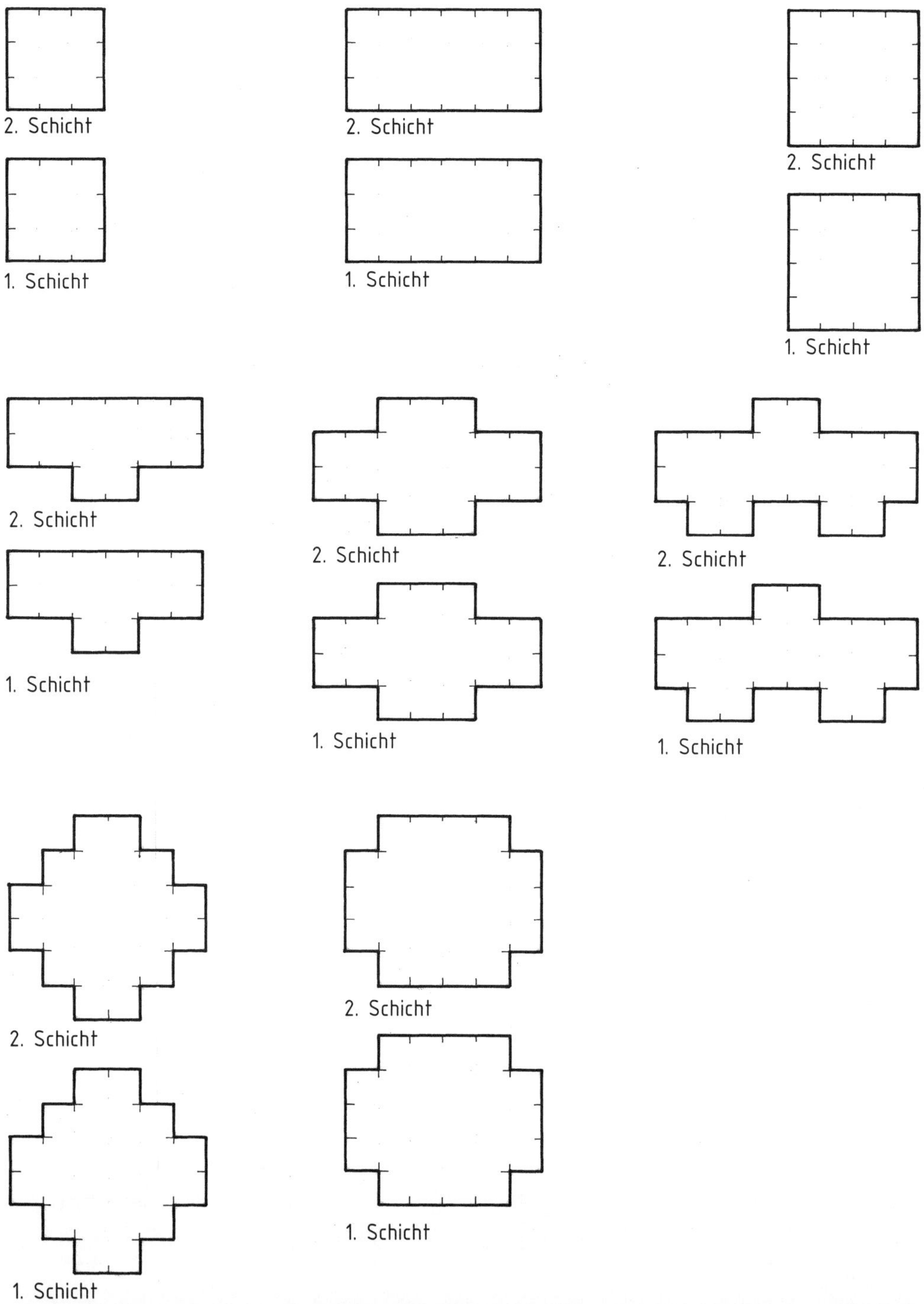

Spitz- und stumpfwinklige Mauerecke

Blatt-Nr.

Name: Klasse: Datum:

Spitzwinklige Mauerecke

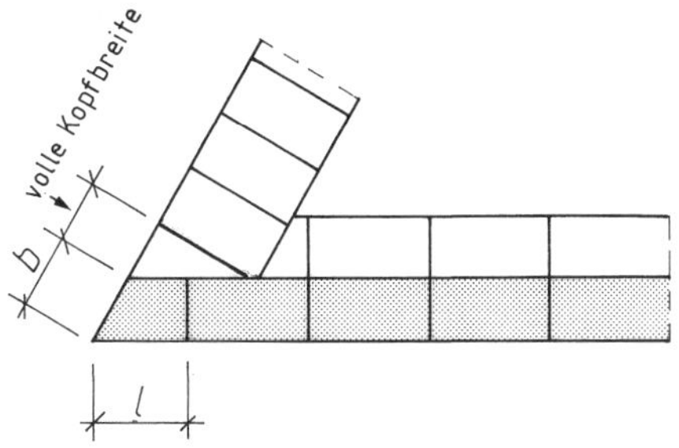

2. Schicht

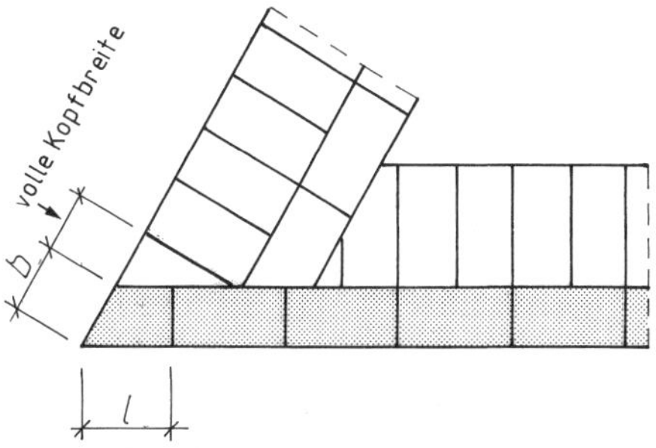

2. Schicht

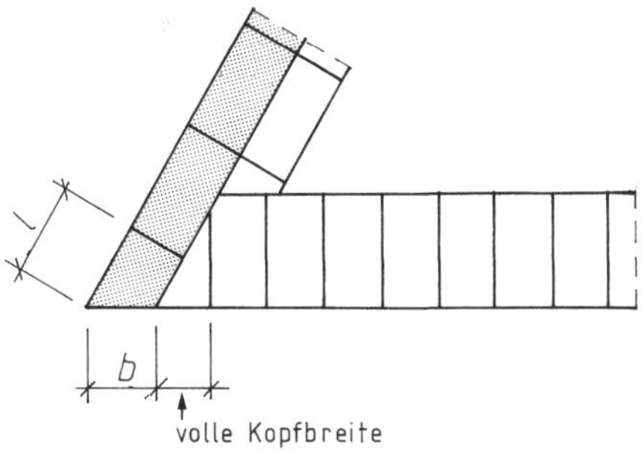

1. Schicht

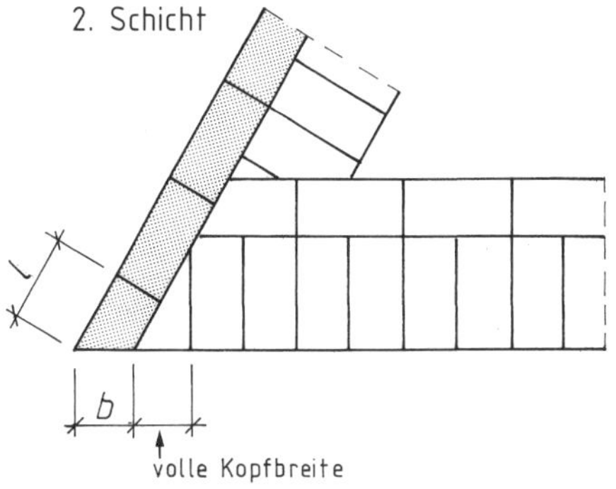

1. Schicht

Regeln

- In der Läuferschicht geht nur die vordere Läuferreihe bis zur Ecke durch.
- Die Binderschicht der anstoßenden Mauer geht bis an die durchgehende Läuferreihe und beginnt mit einem Binder.
- Die Länge des Ecksteins wird wie folgt berechnet:

  $l = b + 1/2 \text{ am} + 1 \text{ cm}$ (Fuge)

  b = Breite der schrägen Seite des Ecksteins

Stumpfwinklige Mauerecke

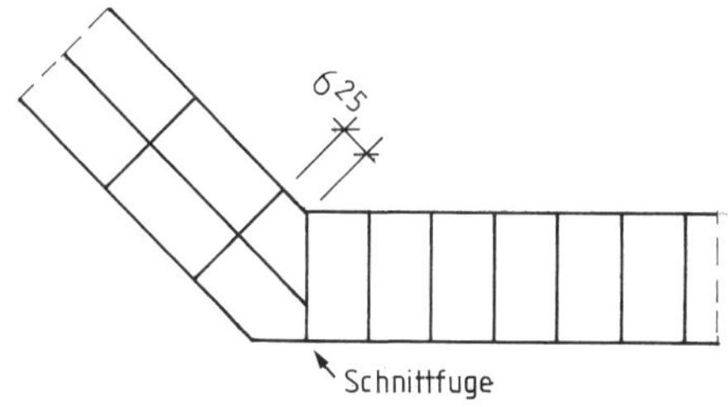

2. Schicht

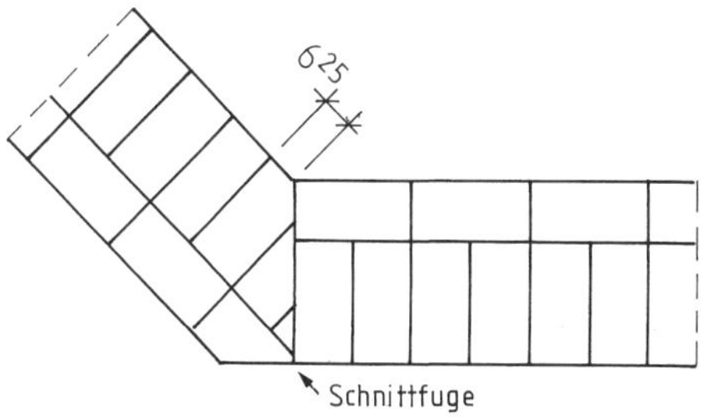

2. Schicht

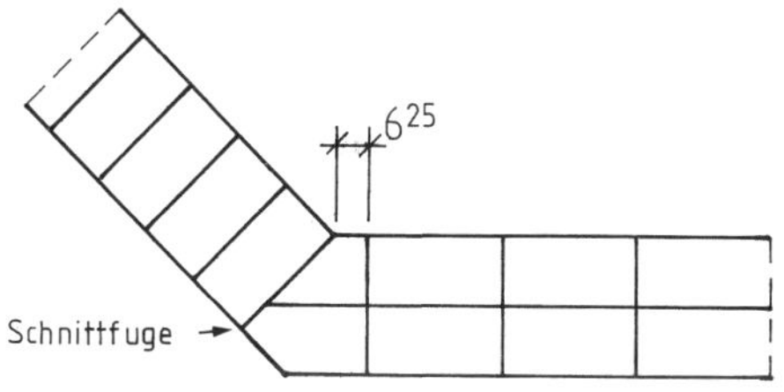

1. Schicht

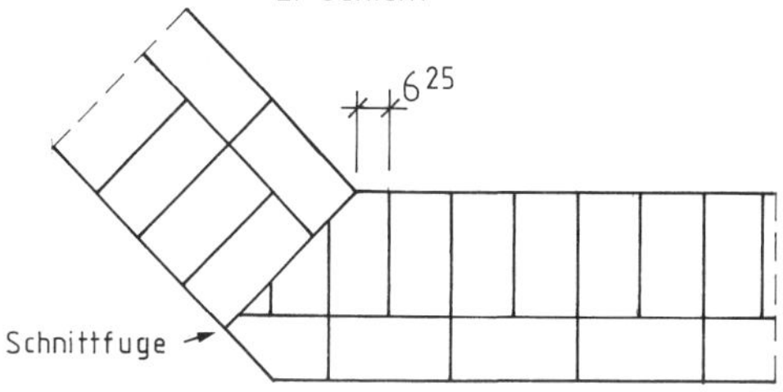

1. Schicht

Regeln

- Die Schnittfuge der Binderschicht geht durch die innere Ecke.
- Die Stoßfuge der Läuferschicht ist um 1/2 am ≙ 6,25 cm an der inneren Ecke versetzt.

⇨ ⇨ ⇨ Die Schnittfuge darf nie durch die äußere Ecke gehen!

Aufgabe Tragen Sie für die spitz- und stumpfwinklige Mauerecke jeweils die 1. und 2. Schicht als Blockverband mit NF-Steinen (1 cm × 2 cm) ein.

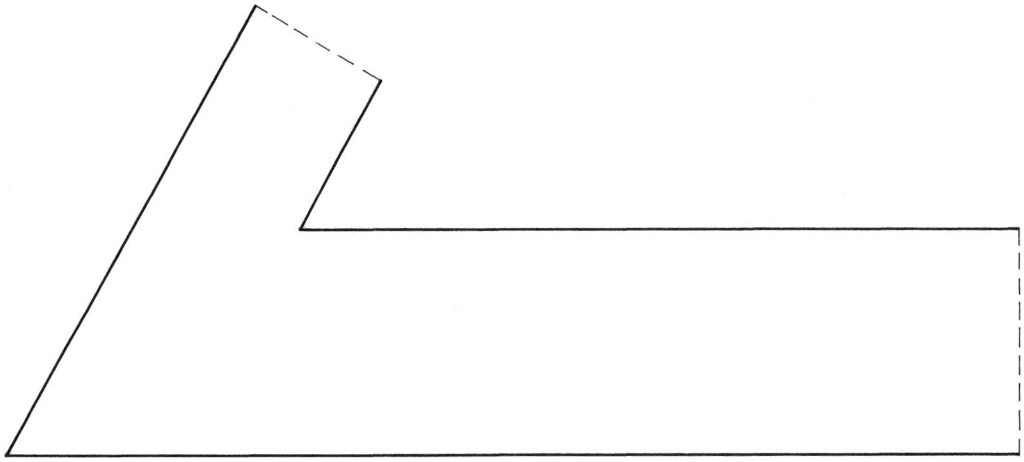

2. Schicht

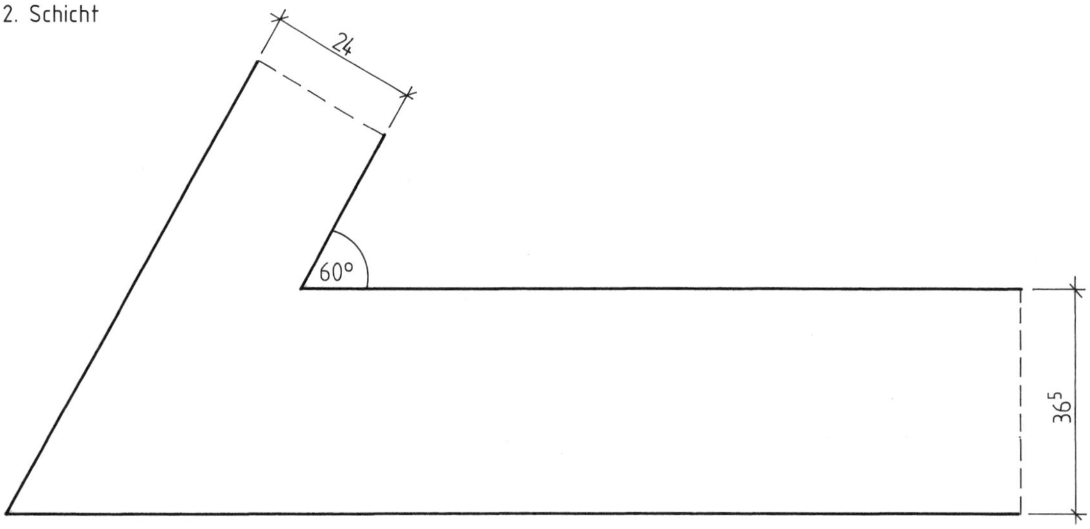

1. Schicht

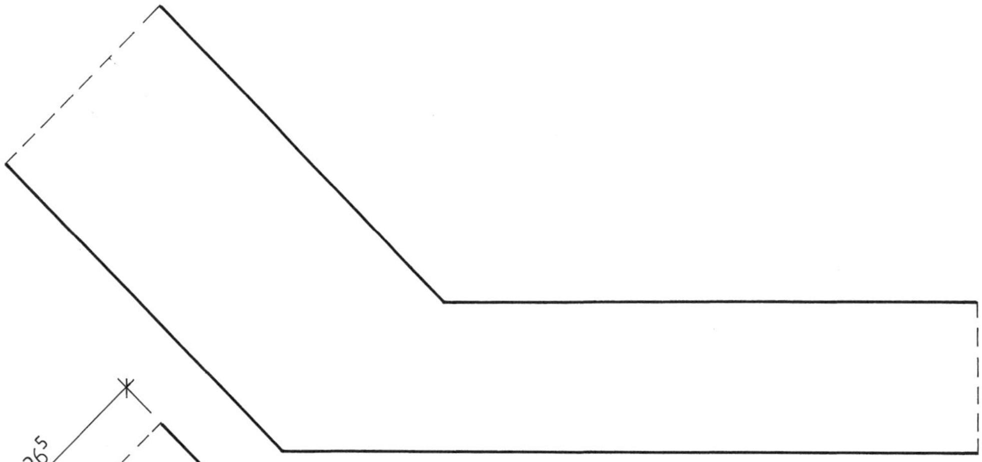

2. Schicht

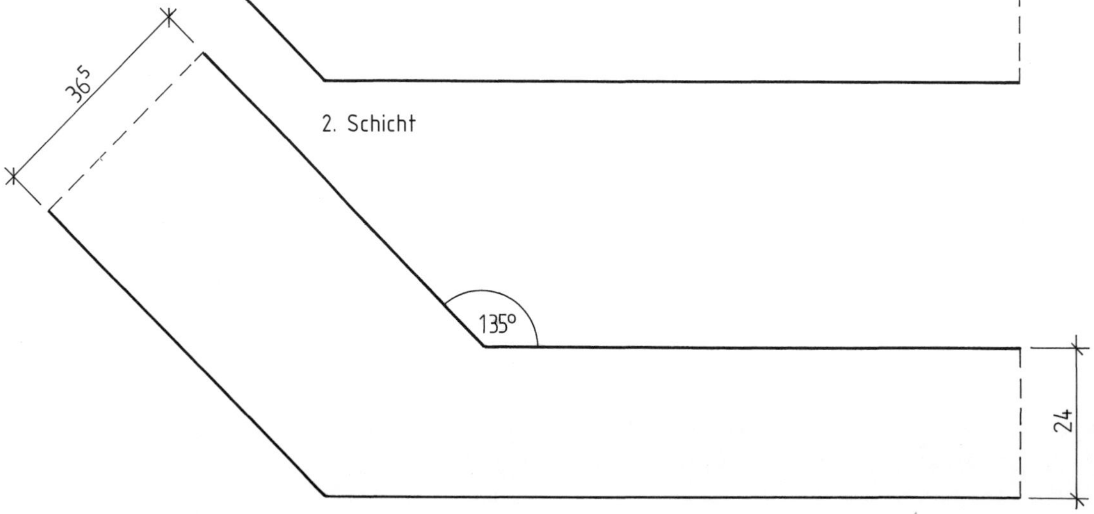

1. Schicht

Schiefwinklige(r) Maueranschluss/-kreuzung

Schiefwinklige(r) Maueranschluss/-kreuzung		Blatt-Nr.
Name:	Klasse:	Datum:

Anschluss

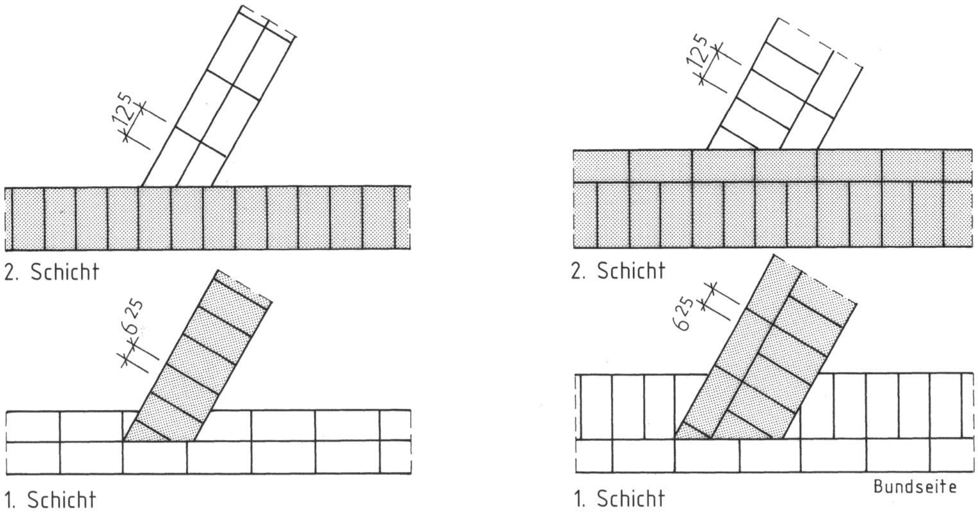

Regeln

- Die 1. Schicht bindet in die Läuferschicht der durchgehenden Mauer bis zur Läuferreihe ein.
- Die 1. Schnittfuge der einbindenden Mauer muss 1/2 am = 6,25 cm von der spitzen Ecke weg sein.
- In der 2. Schicht wird die durchgehende Mauer als Binderschicht gemauert.
- Die schräge Mauer stößt als Läuferschicht stumpf dagegen.
- Die 1. Schnittfuge der schrägen Mauer ist von der spitzen Ecke 1 am = 12,5 cm entfernt.

Kreuzung

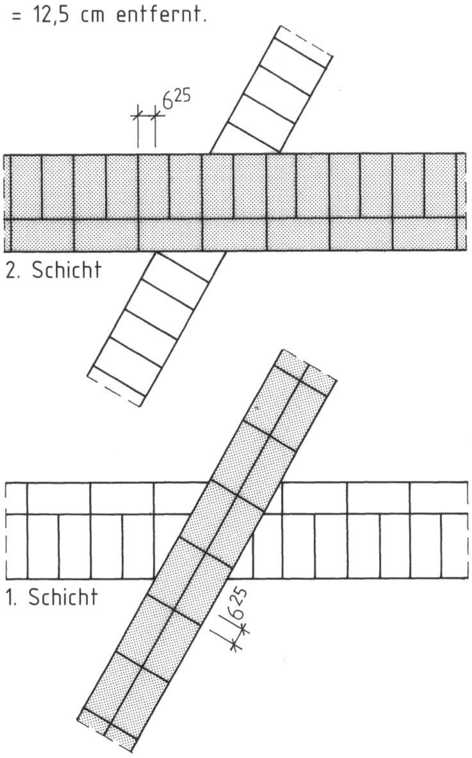

Regeln

- Man lässt die Schicht durchgehen, deren letzte Schnittfuge 1/2 am = 6,25 cm vor der spitzen Ecke liegt.
- Die Schicht der querlaufenden Mauer stößt stumpf an, und zwar so, dass von der spitzen Ecke in der anstoßenden Mauer die Schnittfuge ausgeht.
- In der 2. Schicht wird mit dem Fugenschnitt gewechselt.

Aufgabe Tragen Sie für den schiefwinkligen Maueranschluss und die schiefwinklige Mauerkreuzung jeweils die 1. und 2. Schicht als Blockverband mit NF-Steinen ein.
Maßstab 1:20.

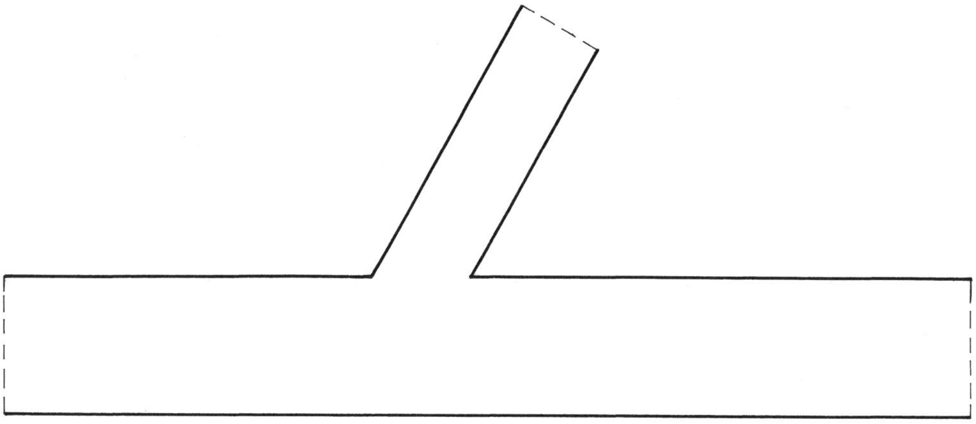

2. Schicht

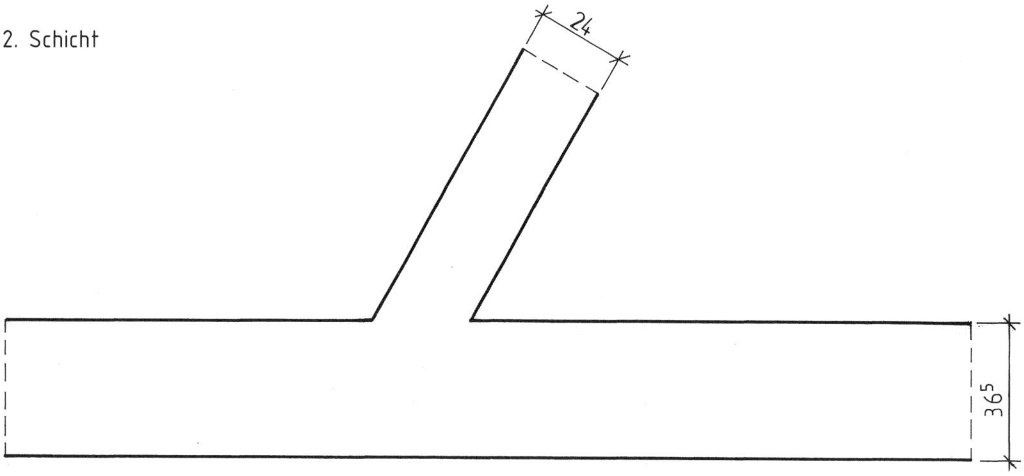

1. Schicht

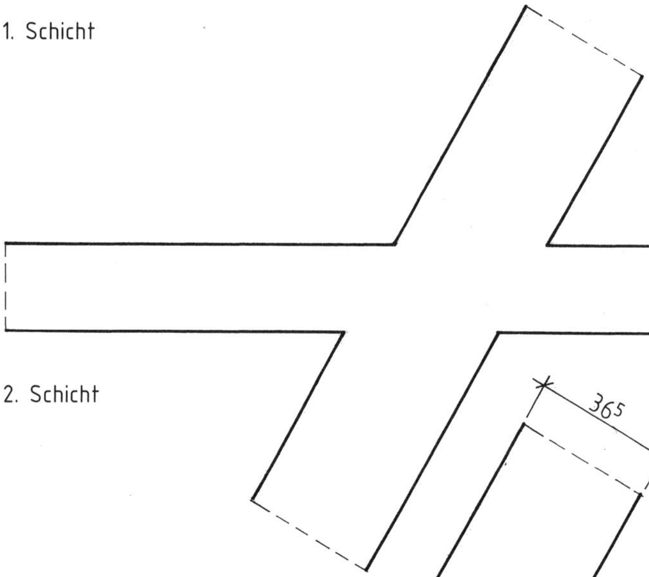

2. Schicht

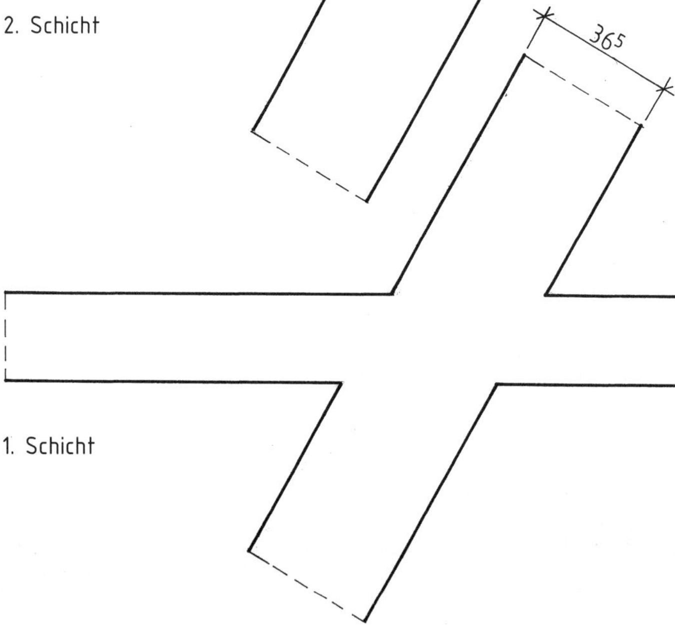

1. Schicht

Mauerverbände für mittelformatige Steine

Blatt-Nr.

Name: | Klasse: | Datum:

Allgemeines

Für das Vermauern von mittelformatigen Steinen (3 DF, 4 DF ...) gibt es keine besonderen Verbandsregeln. Man muss auf der Baustelle für die jeweilige Situation einen Verband entwickeln, der die grundsätzlichen allgemeinen Regeln berücksichtigt:

- keine Kreuzfugen in der Ansicht,
- Mindestüberbindemaß $\ddot{u} \geq 0{,}4\ h \geq 4{,}5$ cm einhalten, auch in der Längsfuge,
- die Steinhöhe in der Schicht darf nicht größer sein als die Steinbreite,

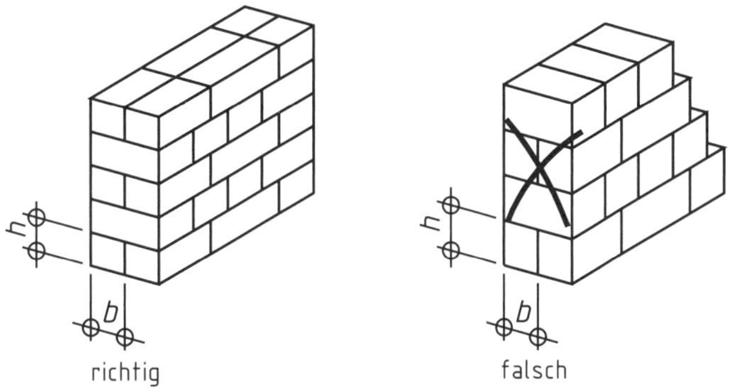

- möglichst wenig Teilsteine, da diese die Tragfähigkeit des Mauerwerks mindern,
- bei Maueranschlüssen und -kreuzungen bindet man in der Schicht ein, bei der die Stoßfuge am günstigsten liegt.

Beispiele

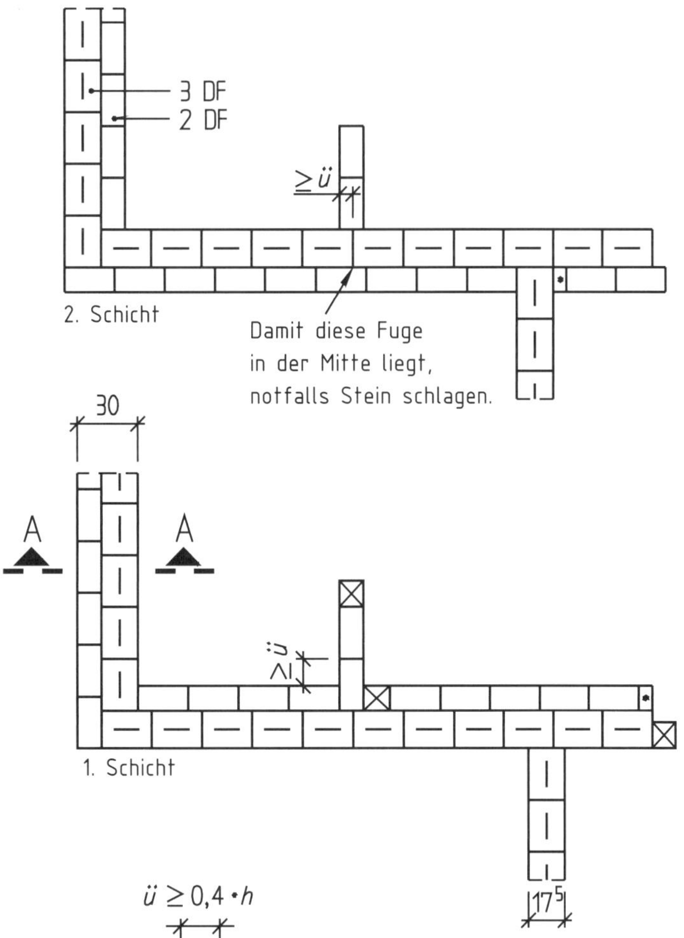

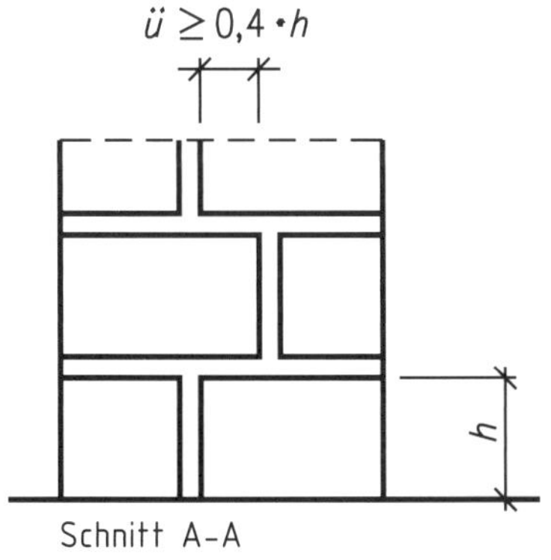

$\ddot{u}$ in der Längsfuge

Aufgabe Tragen Sie für die Mauerstücke den Verband mit klein- und mittelformatigen Steinen im Maßstab 1:25 ein.

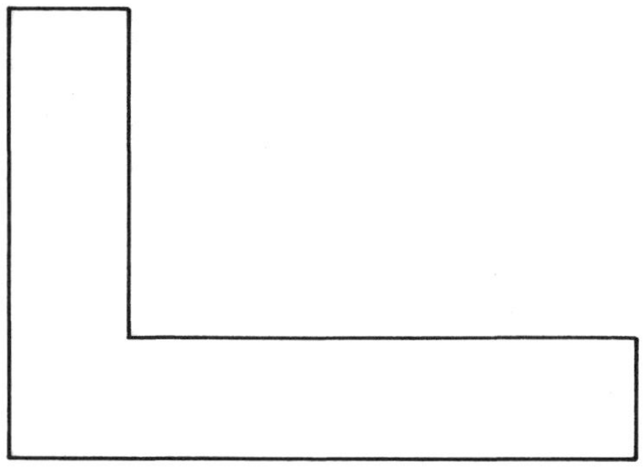

2. Schicht

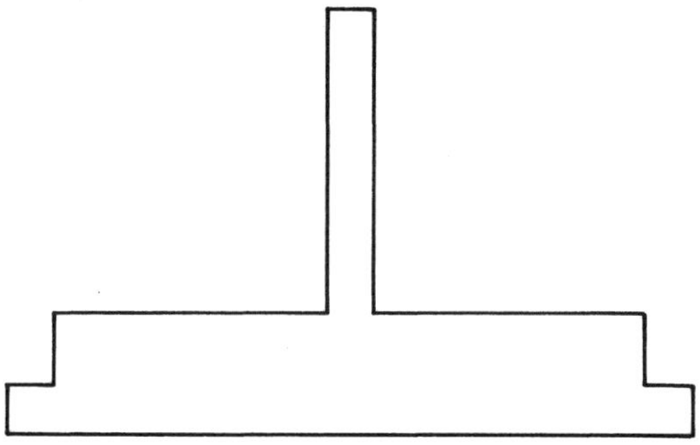

2. Schicht

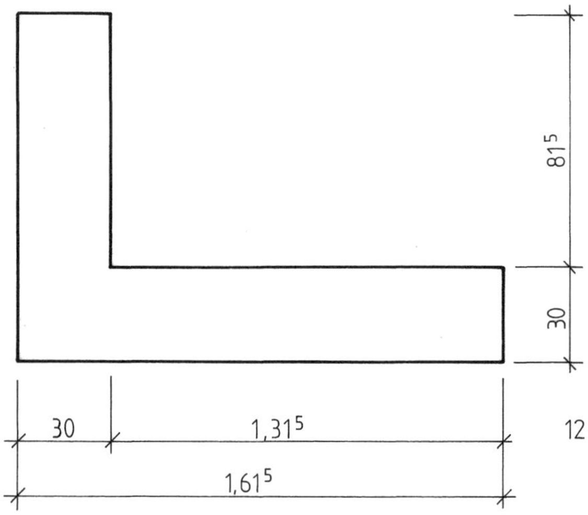

1. Schicht

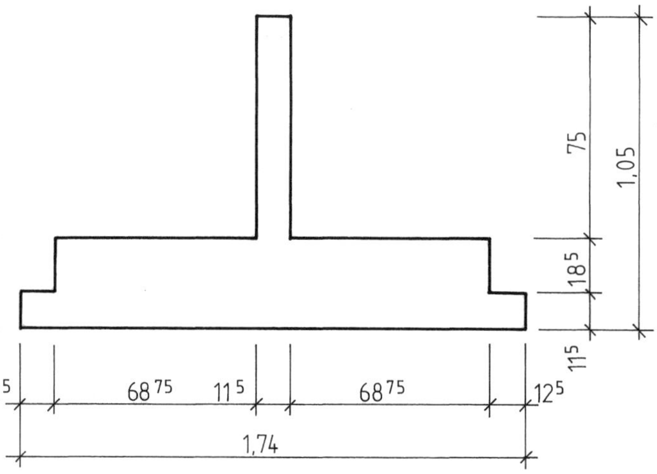

1. Schicht

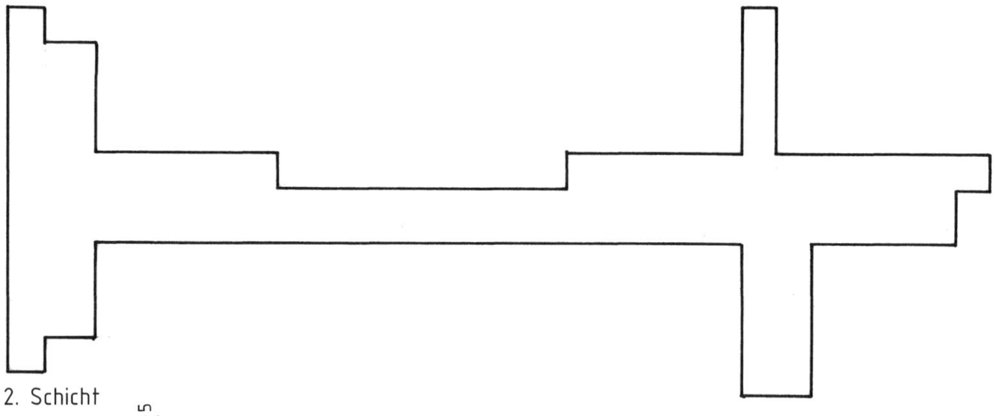

2. Schicht

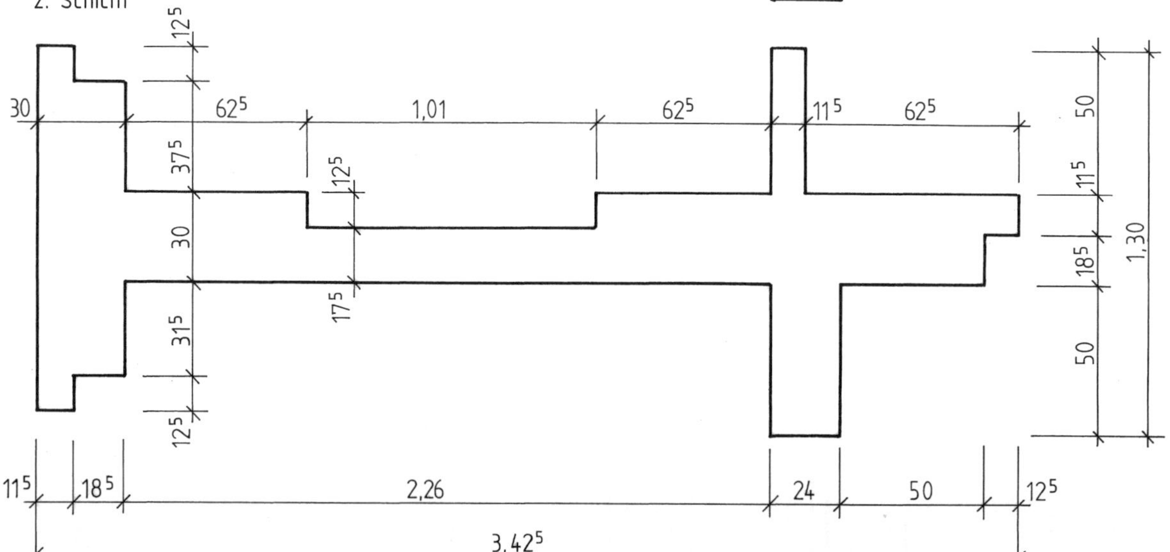

1. Schicht

Mauerverbände für mittelformatige Steine

Mauerverbände für mittelformatige Steine		Blatt-Nr.
Name:	Klasse:	Datum:

Aufgabe Tragen Sie für den Grundrissausschnitt die 1. und 2. Schicht mit klein- und mittelformatigen Steinen im Maßstab 1:25 ein.

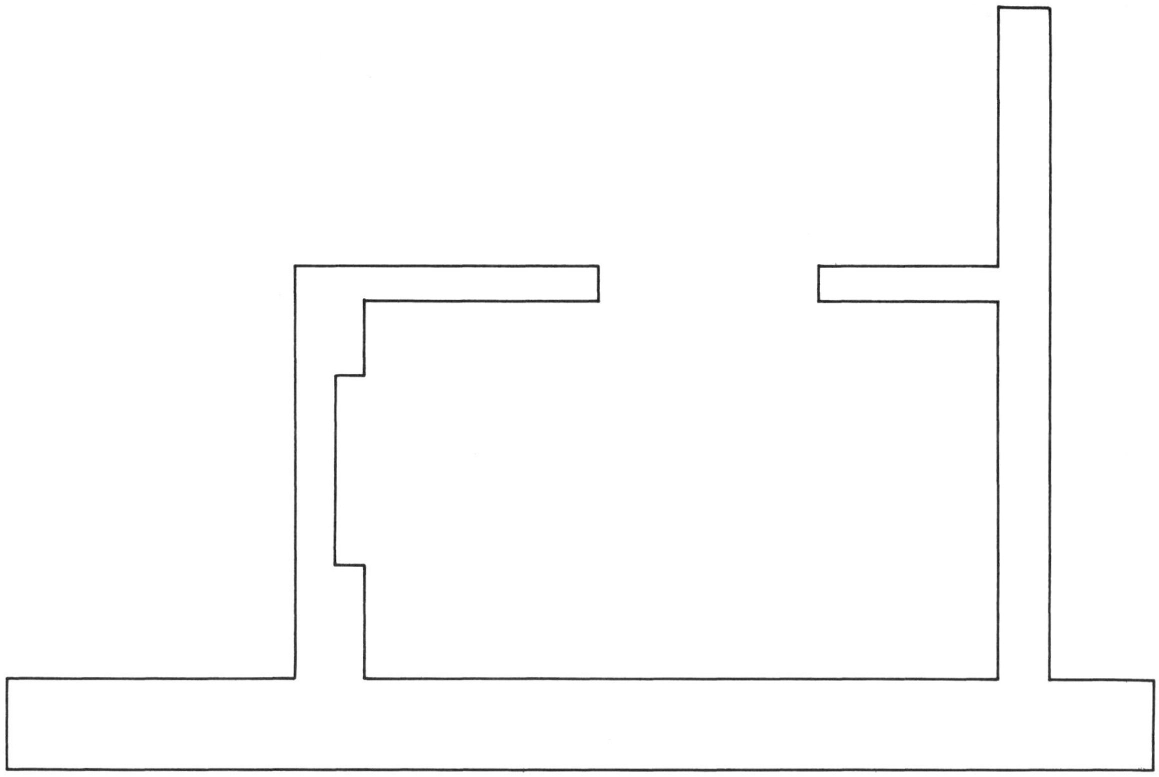

2. Schicht

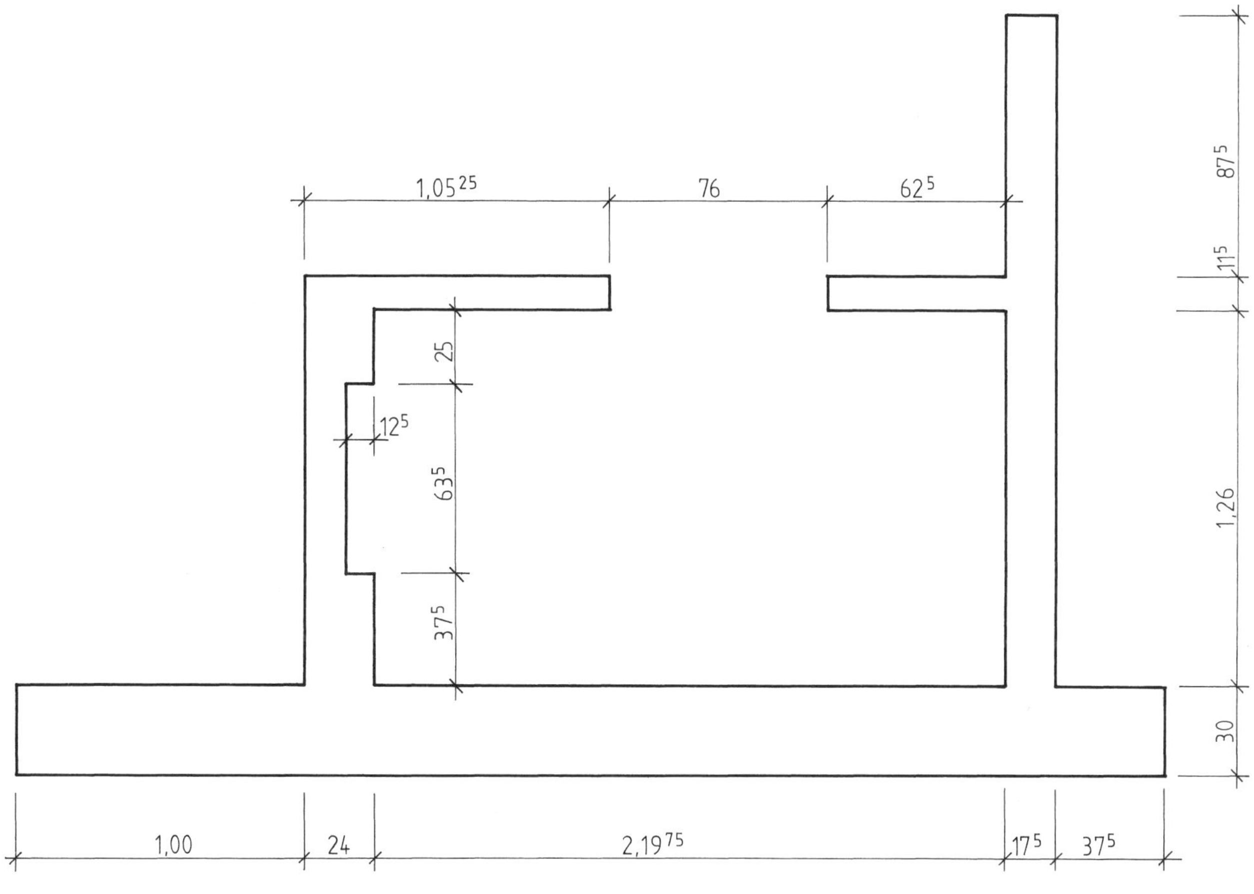

1. Schicht

Riegelwände

Riegelwände		Blatt-Nr.
Name:	Klasse:	Datum:

Allgemeines

Ausgemauerte **Fachwerkwände** aus Holz bezeichnet man als **Riegelwände**. Vor Beginn des Ausmauerns teilt man die Felder so in Schichthöhen ein, dass die letzte Schicht genau unter den Riegel passt. Dabei kann es vorkommen, dass die Lagerfugen stärker oder schwächer als 1,2 cm werden.

Ausmauerung

Die Ausmauerung muss zwischen den Pfosten gut verspannt werden. Zur seitlichen Befestigung der Ausmauerung sind folgende Ausführungsarten möglich:

- durch Dreikantenleisten: Bei dieser Befestigungsart müssen die Steine ausgehauen werden. Das beansprucht viel Zeit und ist bei schon geschlagenen Steinen an der Strebe fast unmöglich.
- mit Nägeln: Diese werden in jede dritte bis vierte Schicht in Pfostenmitte ca. 3 cm tief eingeschlagen und sollen noch ca. 4 cm hervorstehen. Um ein Rosten der Nägel zu vermeiden, werden sie nach dem Einschlagen mit Zementschlämme gestrichen.
- mit Bandstahl: In jede dritte bis vierte Schicht wird ein Bandstahl in L-Form eingelegt. Der kurze Schenkel wird mit 2 Nägeln so am Pfosten befestigt, dass der lange Schenkel in Höhe der Lagerfuge liegt und mit eingemauert werden kann.

Um die Ausmauerung auch zwischen Schwelle und Riegel zu verspannen, schlägt man in die letzte Fuge unter dem Riegel Holz- oder Steinkeile ein.

Wird kein imprägniertes Holz verwendet, sollte man zwischen Holz und Mauerwerk eine Sperrschicht (Dachpappe oder Ähnliches) legen, um eine Durchfeuchtung des Holzes zu vermeiden.

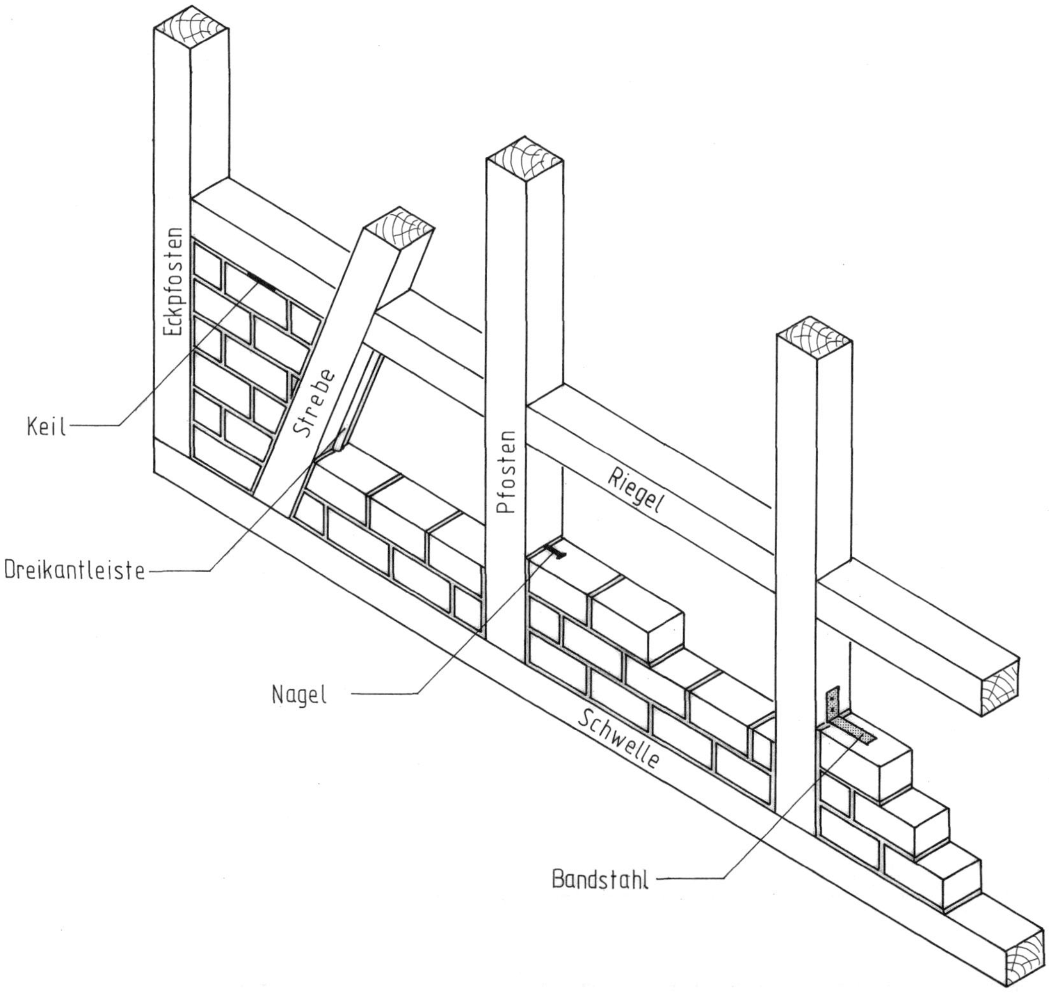

Zierverbände

Blatt-Nr.

Name: Klasse: Datum:

Allgemeines

Soll das Mauerwerk weder verputzt noch verkleidet werden, muss es besonders sorgfältig ausgeführt werden. Da Steine und Fugen sichtbar bleiben, ist ein ordentlich ausgeführter Verband besonders wichtig.

Grundlage für die Gestaltung von Sicht- und Verblendmauerwerk sind

Arten

⇨ die Tragverbände:
- Läuferverband,
- Binderverband,
- Blockverband,
- Kreuzverband.

} siehe Kapitel vor

⇨ die Zierverbände, die beliebig abzuwandeln sind:
- Läuferverband,
- Schlesischer Verband,
- Märkischer Verband,
- Holländischer Verband,
- Gotischer Verband,
- Wilder Verband.

Die Ansichten der Zierverbände sind bei den unterschiedlichen Wanddicken gleich. Wird jedoch 11,5 cm dickes Verblendmauerwerk gemauert, müssen die in der Ansicht als Kopf erscheinenden Steine geschlagen werden. Daher wendet man in diesem Falle meist nur den Läuferverband an.

Regeln

- Vollfugig mauern, damit sich weder Wasser noch Schmutz absetzen können.

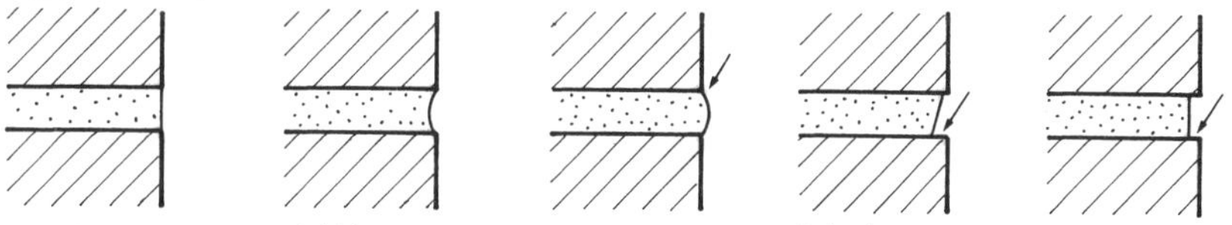

richtig — richtig — falsch — falsch — falsch

- Fugenversatz 1/2 am ≙ 6,25 cm oder 1 am ≙ 12,5 cm

Läuferverband

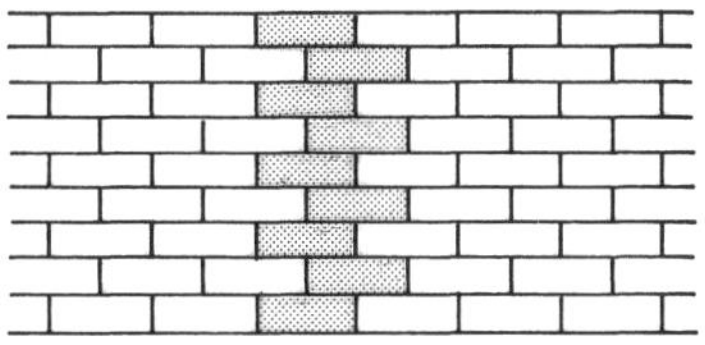

Ansicht

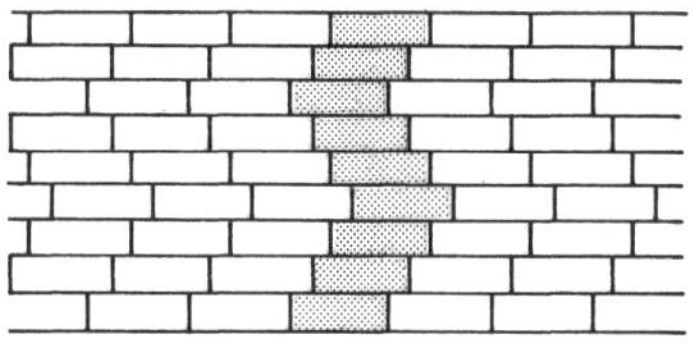

Abwandlung

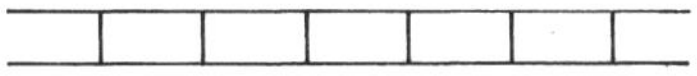

2. Schicht

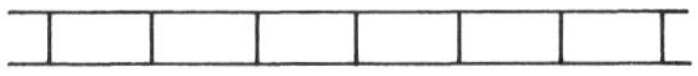

1. Schicht

Schlesischer Verband

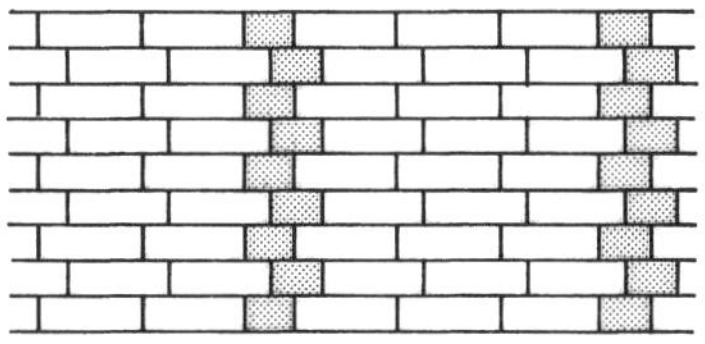

Ansicht

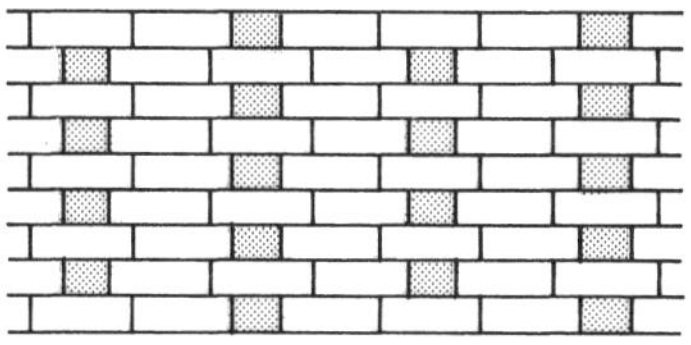

Abwandlung

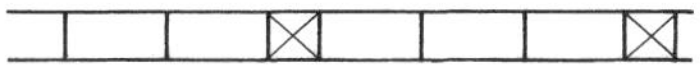

2. Schicht

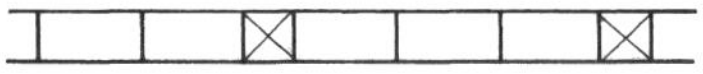

1. Schicht

Merkmal:
1. Schicht: 3 Läufer – 1 Binder
2. Schicht: 3 Läufer – 1 Binder

Märkischer Verband

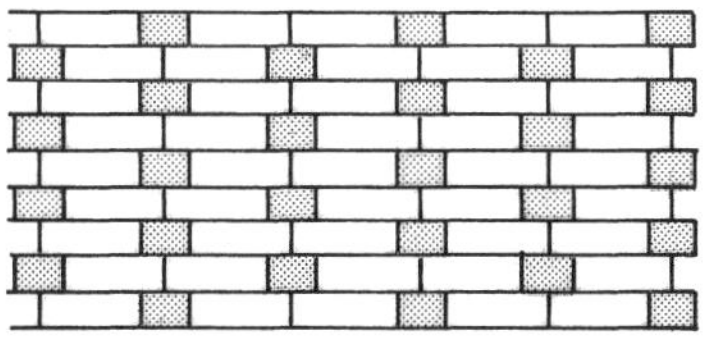

Ansicht

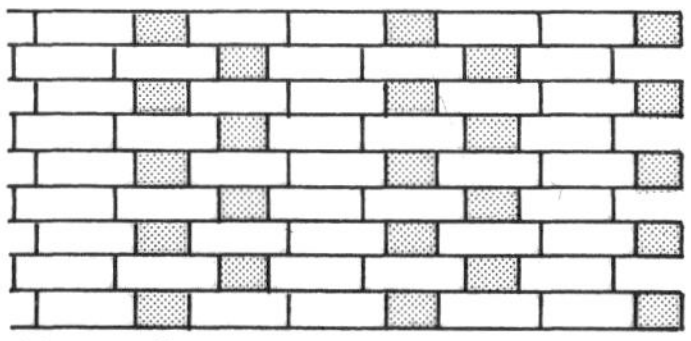

Abwandlung

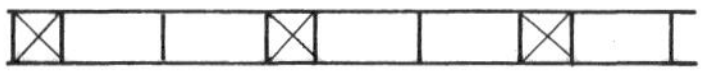

2. Schicht

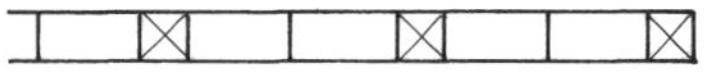

1. Schicht

Merkmal:
1. Schicht: 2 Läufer – 1 Binder
2. Schicht: 2 Läufer – 1 Binder

Holländischer Verband

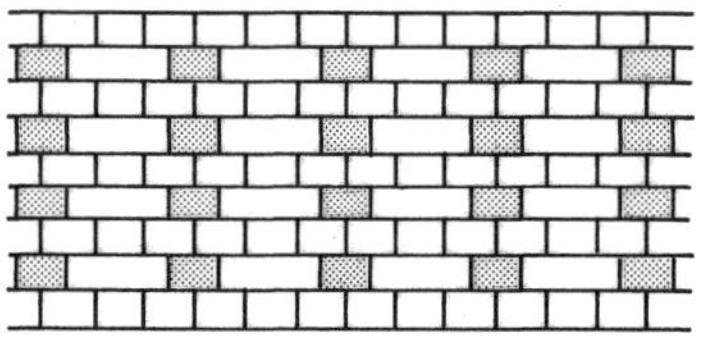

Ansicht

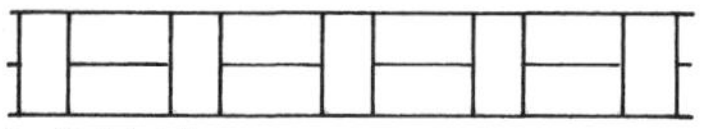

2. Schicht

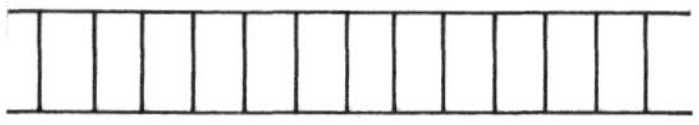

1. Schicht

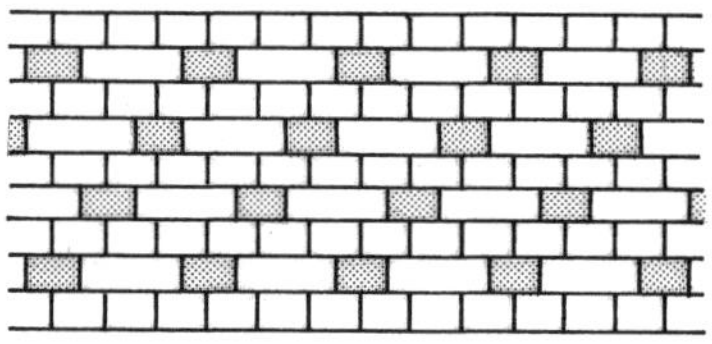

Abwandlung

Merkmal:
1. Schicht: Binder
2. Schicht: 1 Binder – 1 Läufer

Gotischer Verband

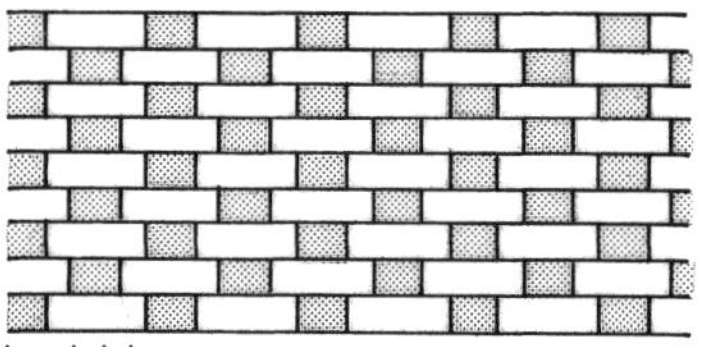

Ansicht

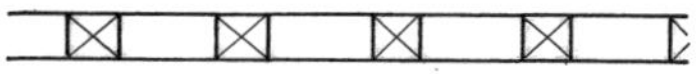

2. Schicht

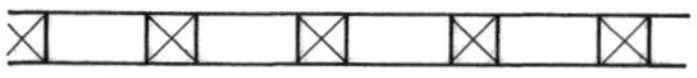

1. Schicht

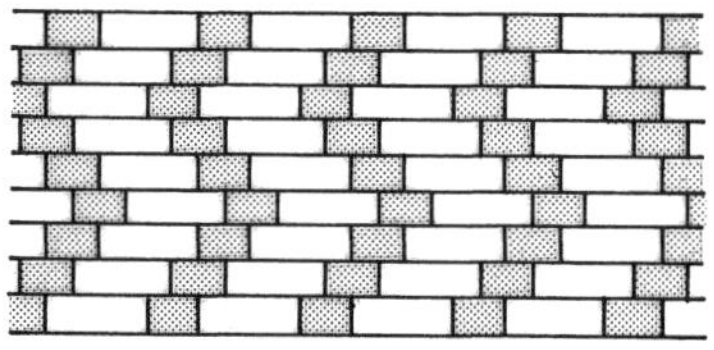

Abwandlung

Merkmal:
1. Schicht: 1 Läufer – 1 Binder
2. Schicht: 1 Läufer – 1 Binder

Wilder Verband

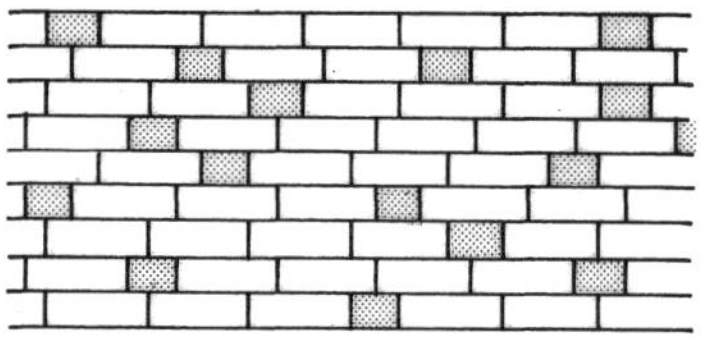

Merkmal:
Anordnung Läufer – Binder beliebig, jedoch nicht mehr als 5 Läufer hintereinander.

Aufgabe

Eine **Gartenmauer** soll als Sichtmauer mit NF-Steinen 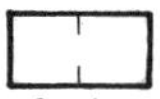 ausgeführt werden. Gestalten Sie die Felder 1 und 2 unterschiedlich, nach freier Wahl und tragen Sie dazu jeweils die 1. und 2. Schicht ein. Maßstab 1:25.

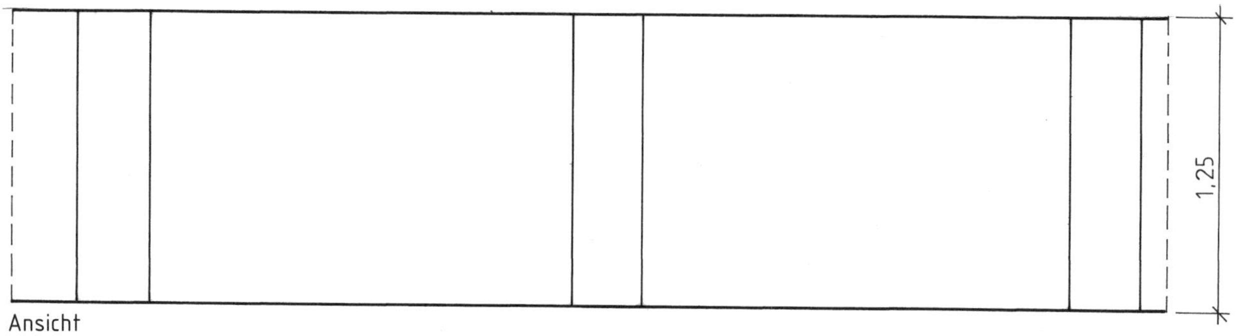

Ansicht

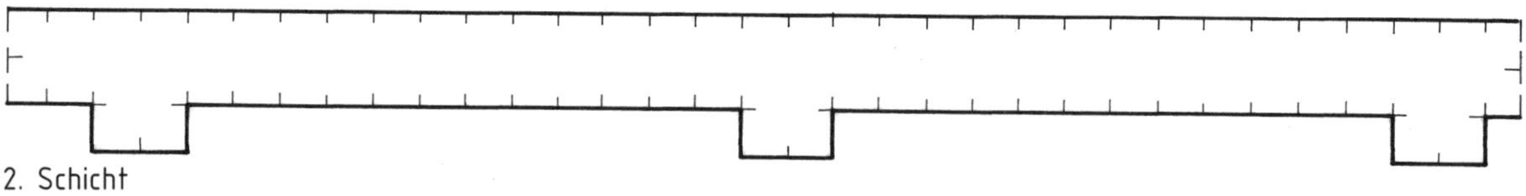

2. Schicht

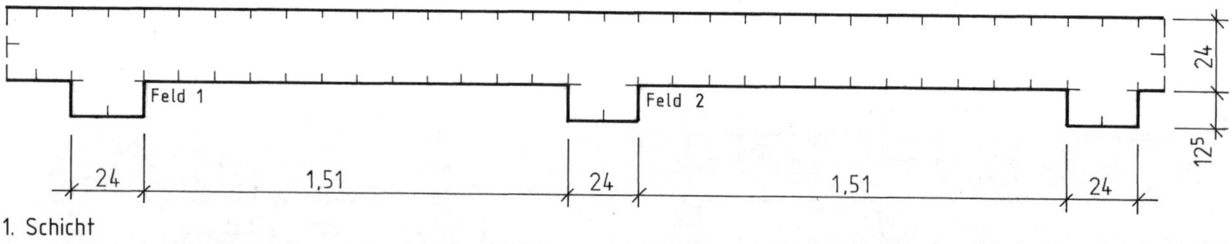

1. Schicht

Schornsteine

Schornsteine		Blatt-Nr.
Name:	Klasse:	Datum:

Hinweis

Gemauerte Schornsteine sind heute nicht mehr üblich und einige Querschnitte nicht mehr zulässig. Im Rahmen von Renovierungsarbeiten sollten aber Reparaturen durchgeführt werden können.

Allgemeines

Schornsteine, auch Kamine genannt, müssen sehr sorgfältig gemauert werden, um einen einwandfreien Abzug der Abgase zu gewährleisten. Es ist vor allem auf guten Fugenschluss zu achten, damit die Abgase nicht austreten können. Die Innenflächen der Abgasrohre müssen glatt sein, damit der Rauch gut abziehen kann und Ruß keine Ablagerungsmöglichkeit hat.

Man unterscheidet Einzelschornsteine und Schornsteingruppen:

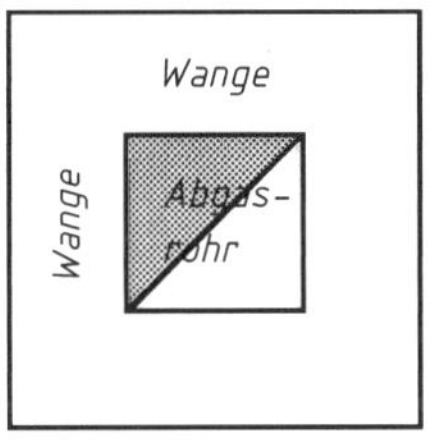

Einzelschornstein

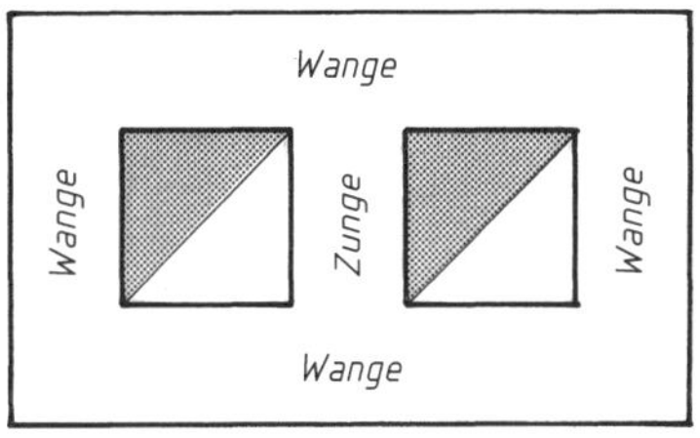

Schornsteingruppe

Der Schornstein besteht aus folgenden Teilen:

- Abgasrohr,
- Wange (Abgasrohraußenwand),
- Zunge (Trennwand zwischen den Abgasrohren).

Regeln

- Möglichst viele ganze Steine vermauern.
- Viertelsteine niemals am Abgasrohr vermauern (zu viele Fugen).

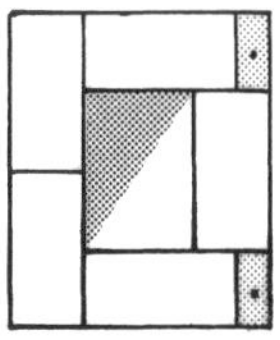

richtig

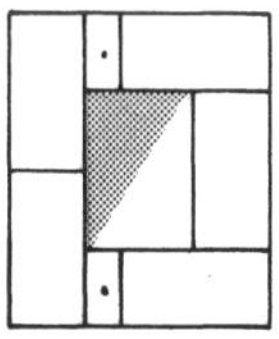

falsch

- Die Zungen sollen in die Wangen einbinden.

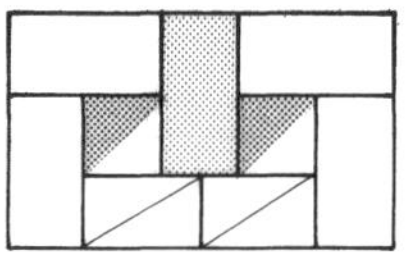

richtig

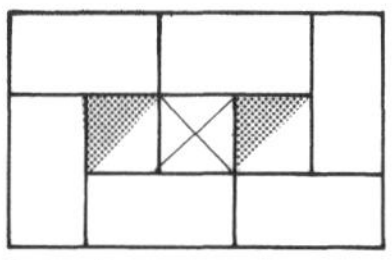

falsch

- Es darf keine Kreuzfuge entstehen.

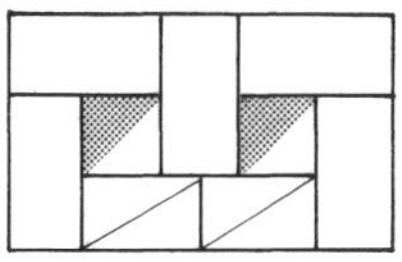

richtig

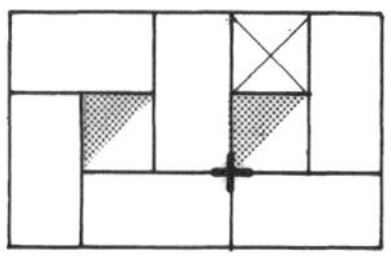

falsch

- Die Stoß- und Lagerfugen müssen vollfugig gemauert werden.
  Fugenbildung an der Innenfläche:

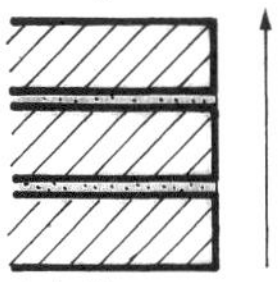

richtig

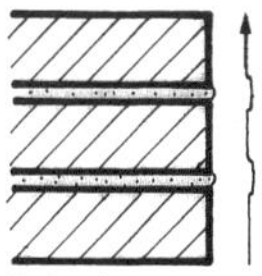

falsch

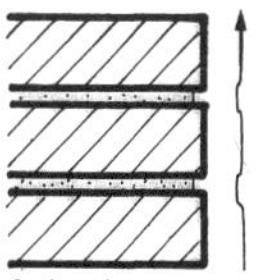

falsch

- Es ist der Verband am besten, der am Abgasrohr die geringste Stoßfugenzahl aufweist.
- Schornsteine müssen in ihrer ganzen Höhe einen gleichbleibenden lichten Querschnitt haben.

Aufgabe Tragen Sie für die Schornsteine unterschiedlicher Größe jeweils die 1. und 2. Schicht mit NF-Steinen ein.

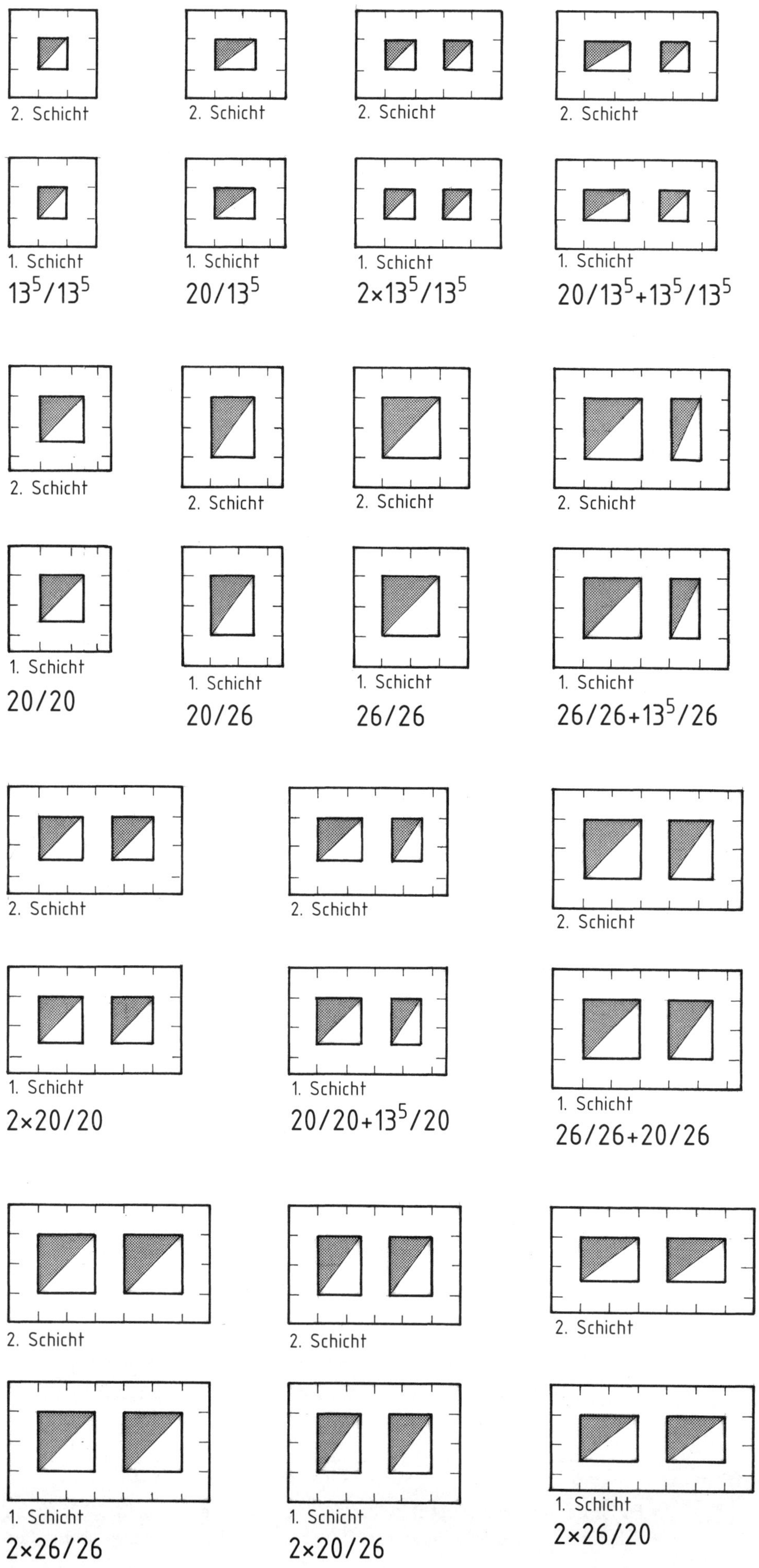

Mauerverbände für großformatige Steine

Blatt-Nr.

Name: | Klasse: | Datum:

Allgemeines

Es muss im Verband – meist Läuferverband – gemauert werden.
Die Stoßfugen übereinander liegender Schichten müssen versetzt sein.
Das Überbindemaß von $\ddot{u} \geq 0{,}4\ h$ (z. B. 0,4 × 23,8 cm = 9,52 cm) muss eingehalten werden.
Steine einer Schicht sollen gleiche Höhe haben.

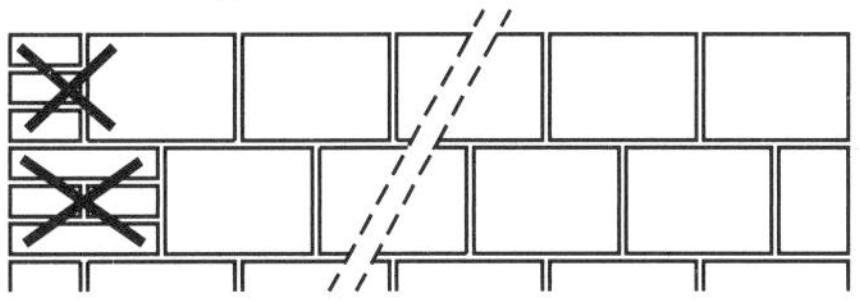

Stoßfugenausbildung

Das Mauerwerk kann mit Normal- oder Dünnbettmörtel hergestellt werden. Großformatige Steine werden mit Mörteltaschen oder mit Nut- und Federsystem bzw. Verzahnung hergestellt. Aus diesem Grunde gibt es zwei Arten der Stoßfugenausbildung:

Mauerwerk mit Stoßfugenmörtelung

a) Vermörtelte Stoßfugen an den Steinflanken, Fugenbreite = 1 cm
b) Gefüllte Mörteltaschen, Fugenbreite ≤ 0,5 cm

Mauerwerk ohne Stoßfugenmörtelung

Die Mauersteine werden so *knirsch* wie möglich verlegt. Fugenbreite 0,3 bis 0,5 cm.

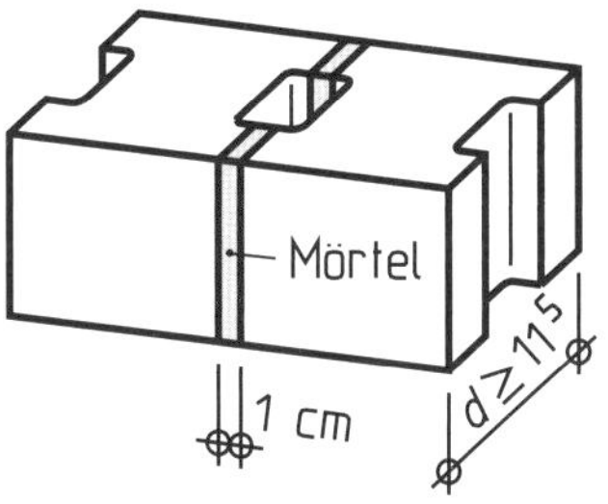

Vermauerung von Steinen mit Mörteltaschen durch Auftragung von Mörtel auf die Steinflanken

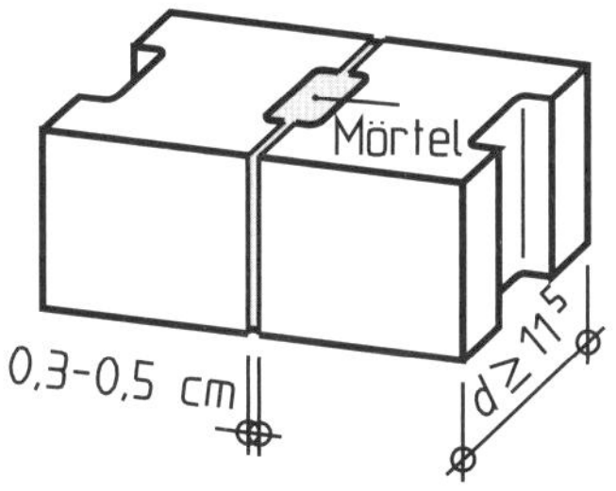

Vermauerung von Steinen mit Mörteltaschen bei Knirschverlegung

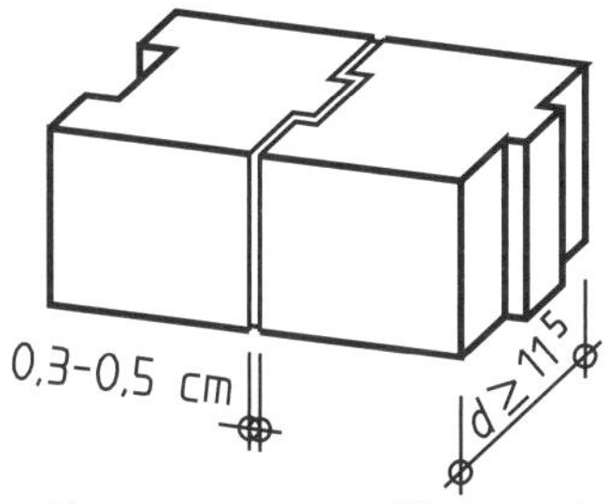

Vermauerung von Steinen ohne Stoßfugenmörtelung

Eck- und Endausbildung

Für die Eck- und Endausbildung des Mauerwerks bieten die Hersteller spezielle Eck- und Ausgleichssteine an. Teilsteine müssen vor Ort gesägt werden. Bei Mauerwerk aus großformatigen Steinen muss die Arbeitsvorbereitung besonders sorgfältig sein, damit genügend Eck- und Ausgleichssteine vorhanden sind und somit das zeitraubende Sägen vermieden wird.

Anschlüsse/Kreuzungen

Bei Maueranschlüssen und -kreuzungen bindet man in die Schicht ein, bei der die Stoßfuge am günstigsten liegt. Häufig wird beim Mauerwerk mit großformatigen Steinen die Stumpfstoß-Verbindung mit gelochten Flachstahlankern (Edelstahl) 300 × 22 × 0,75 mm oder paarweise eingelegten Edelstahl-Luftschichtankern angewendet. Die Anker sind vorzugsweise in den Drittelspunkten bzw. gemäß statischer Berechnung in die Längsfuge einzulegen.

Vorteile der Stumpfstoßtechnik:
- vereinfachte Einbindung, keine Verbandsprobleme,
- bei unterschiedlichen Schichthöhen keine Einbindeprobleme,
- rationelle Arbeitsabwicklung durch Wegfall der Verzahnung,
- Vermeidung von Wärmebrücken in den Außenwänden durch einbindende Innenwände.

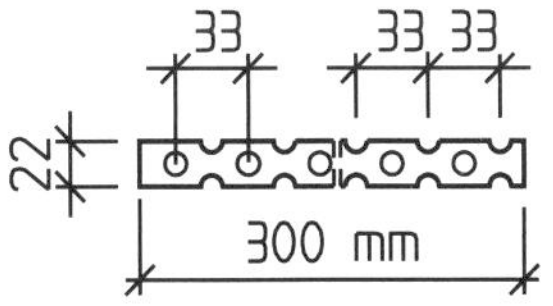

Edelstahl-Flachanker

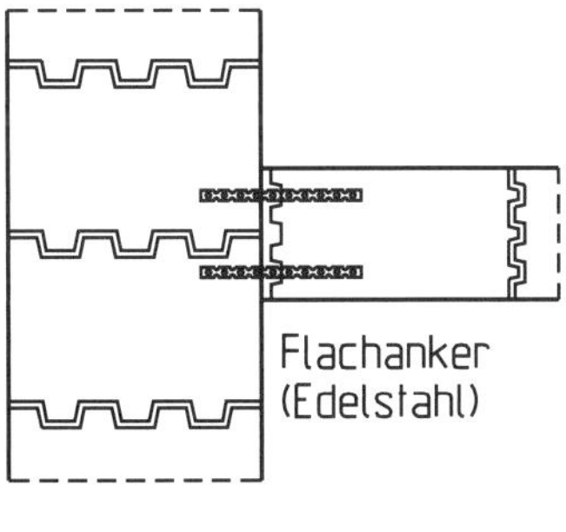

Anschluss in der Draufsicht

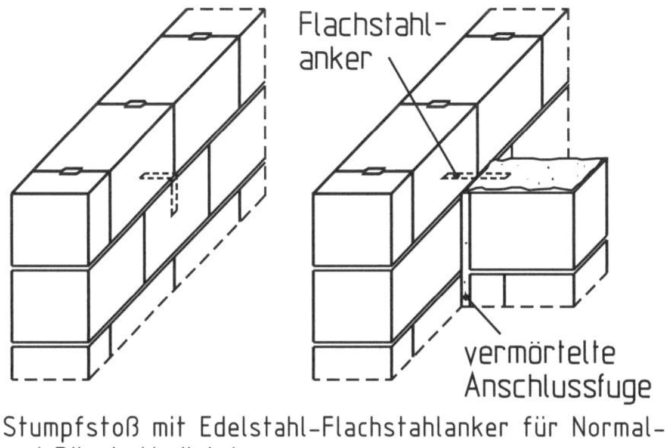

Stumpfstoß mit Edelstahl-Flachstahlanker für Normal- und Dünnbettmörtel

Beispiel

Außenmauerwerk, d = 36,5 cm mit Nische und Maueranschlüsse d = 24 cm und d = 11,5 cm, knirsch vermauert.

Formate: 16 DF, 12 DF, 9 DF, 8 DF und 2 DF
min $\ddot{u}$ = 0,4 h = 0,4 × 23,8 cm = 9,52 cm

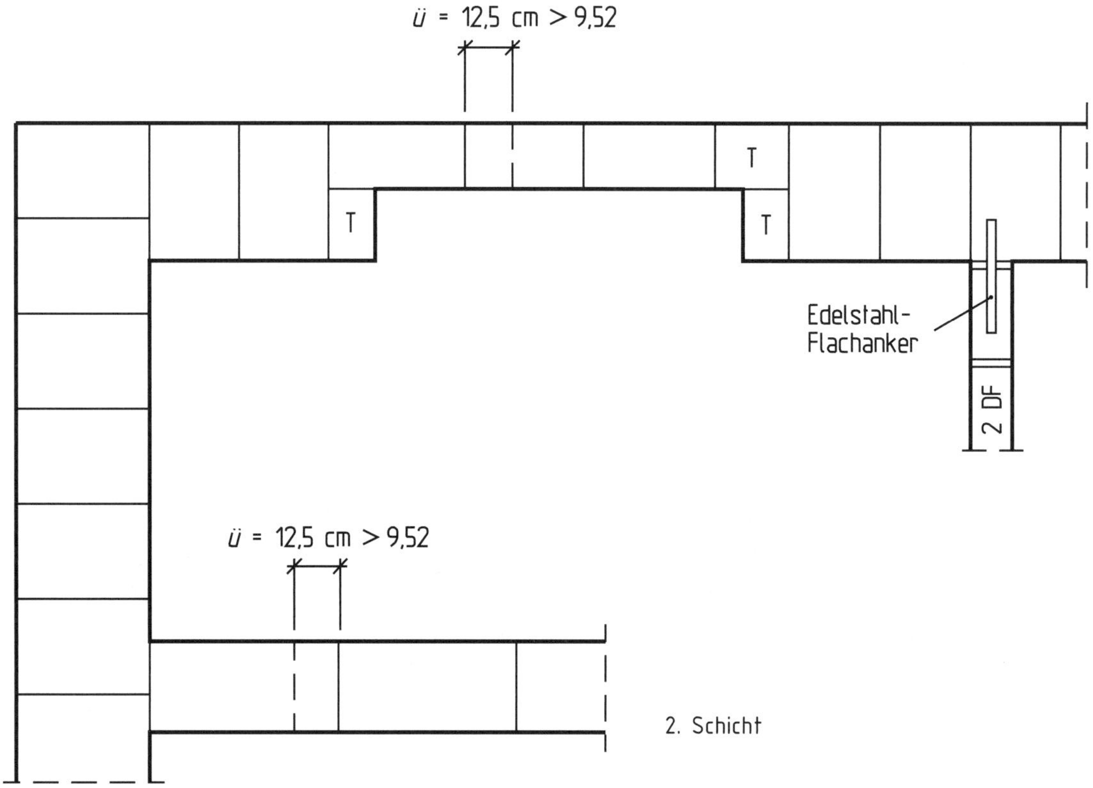

2. Schicht

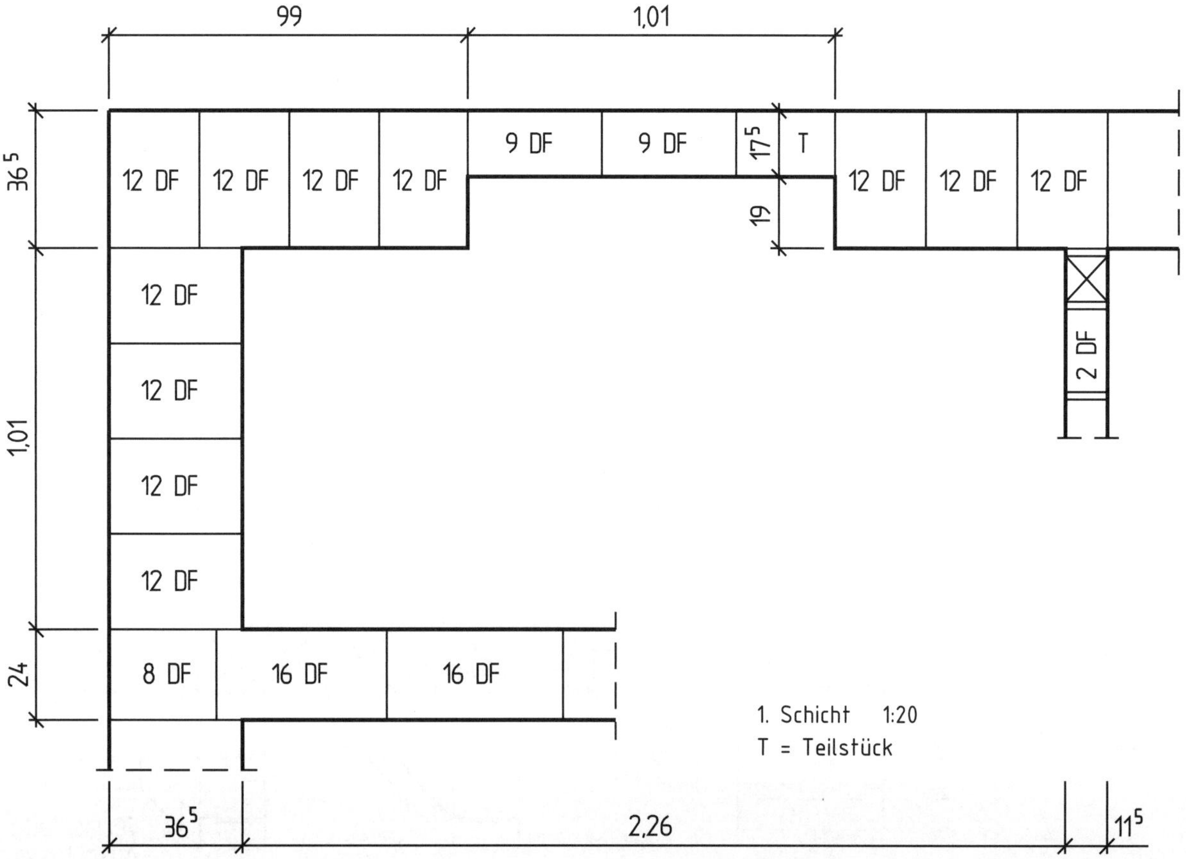

1. Schicht 1:20
T = Teilstück

Mauerverbände für großformatige Steine

Mauerverbände für großformatige Steine		Blatt-Nr.
Name:	Klasse:	Datum:

Aufgabe — Tragen Sie in die 1. Und 2. Schicht den Mauerverband mit großformatigen Steinen ein.

24/11,5/11,3 (cm)   49/24/23,8 (cm)

HZKN = Heizkörpernische, BRH = Brüstungshöhe

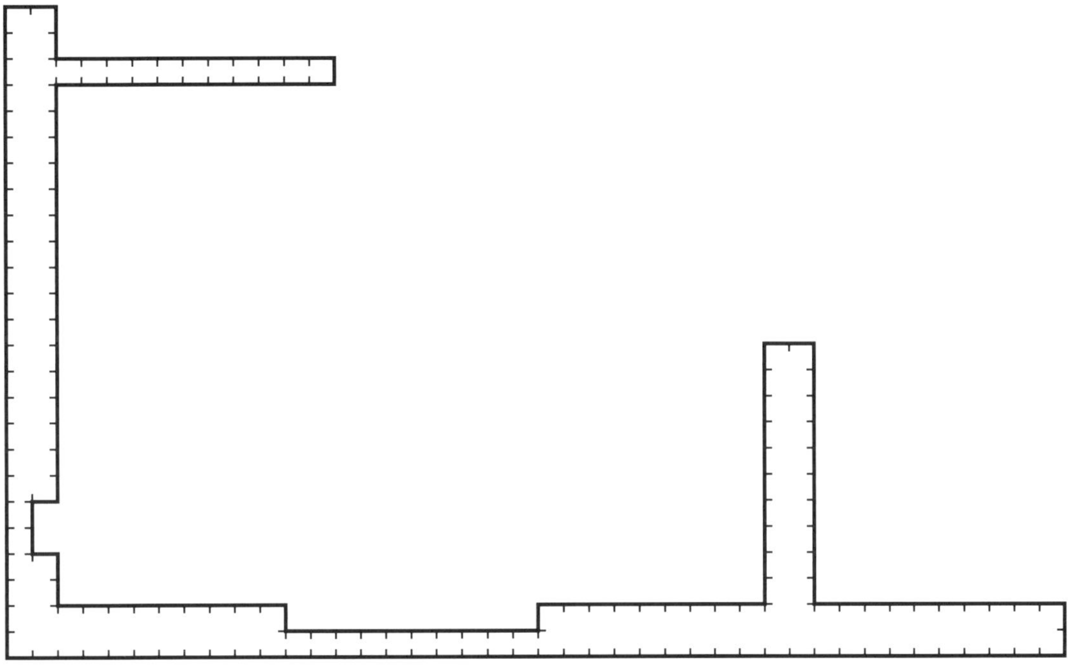

2. Schicht

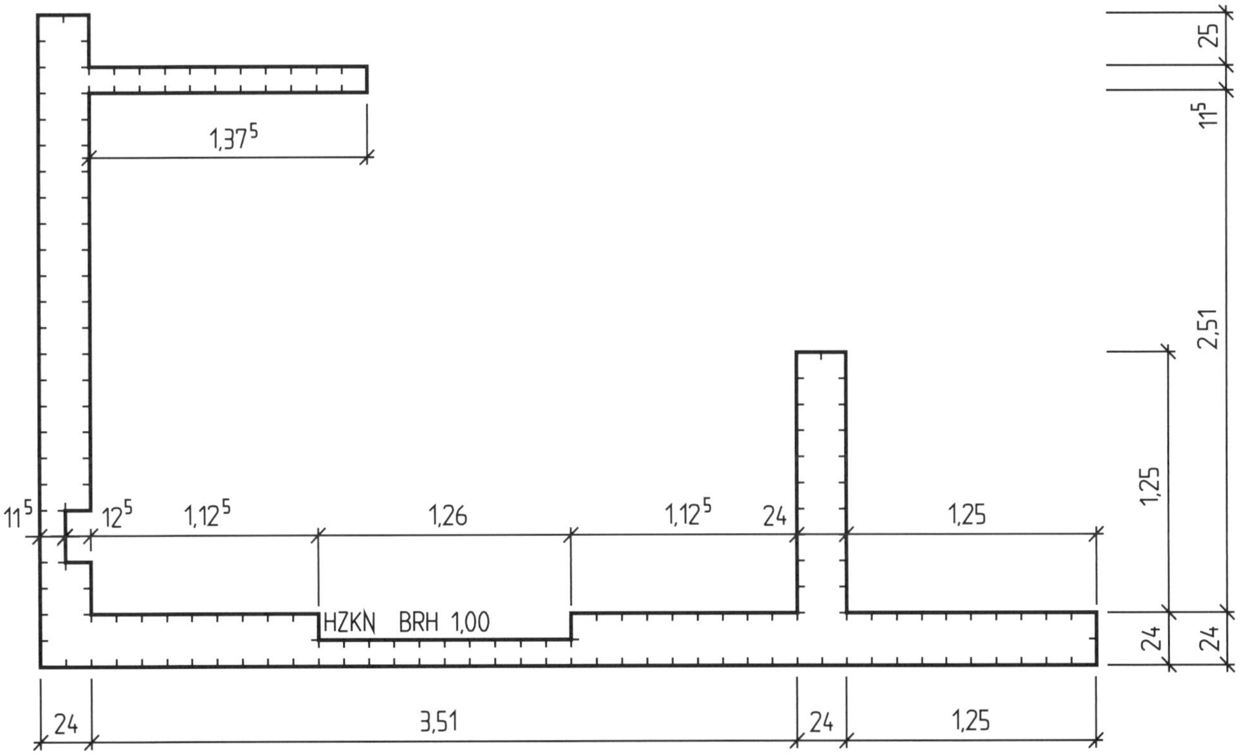

1. Schicht

Aufgabe

Tragen Sie für den **Ausschnitt A** von dem Grundriss auf Seite 6 die 1. und 2. Schicht ein. Verwenden Sie die Formate 12 DF, 9 DF und 8 DF. Fugen brauchen nicht eingetragen zu werden.

Zeichnung Maßstab 1:25

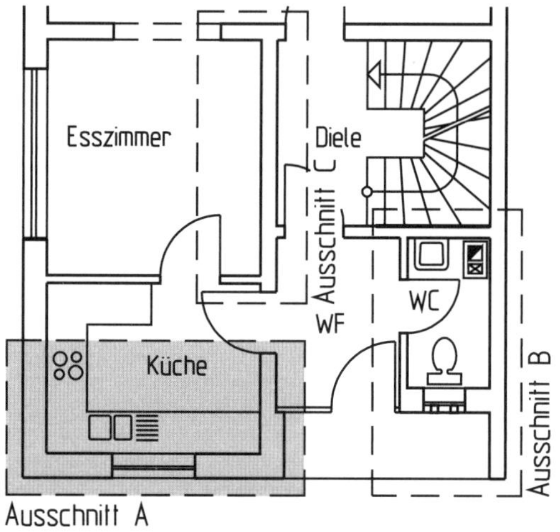

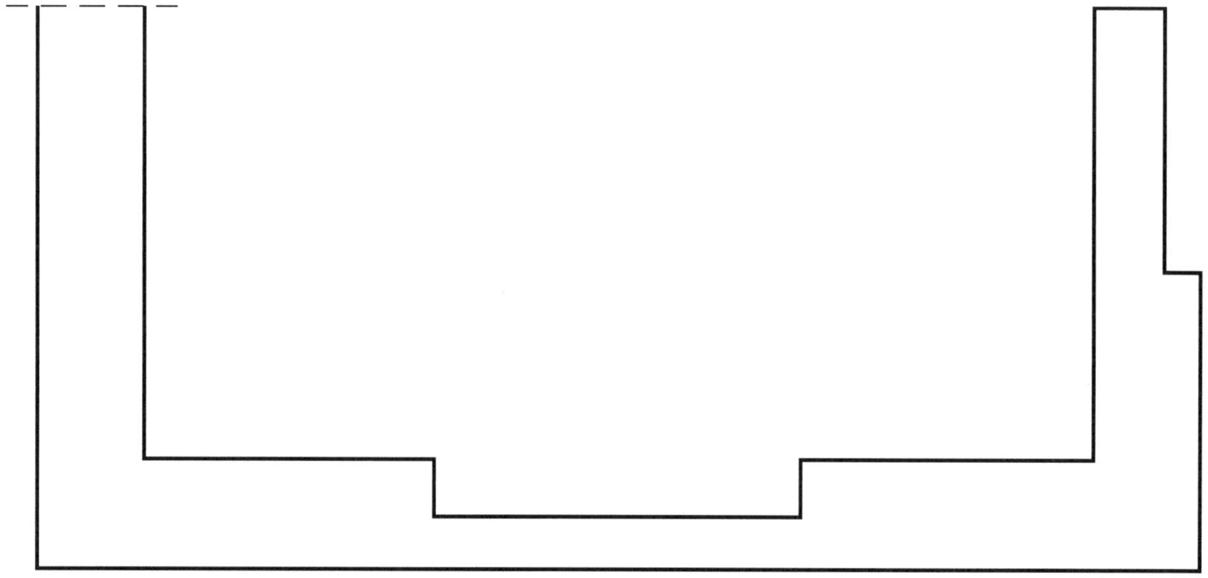

2. Schicht

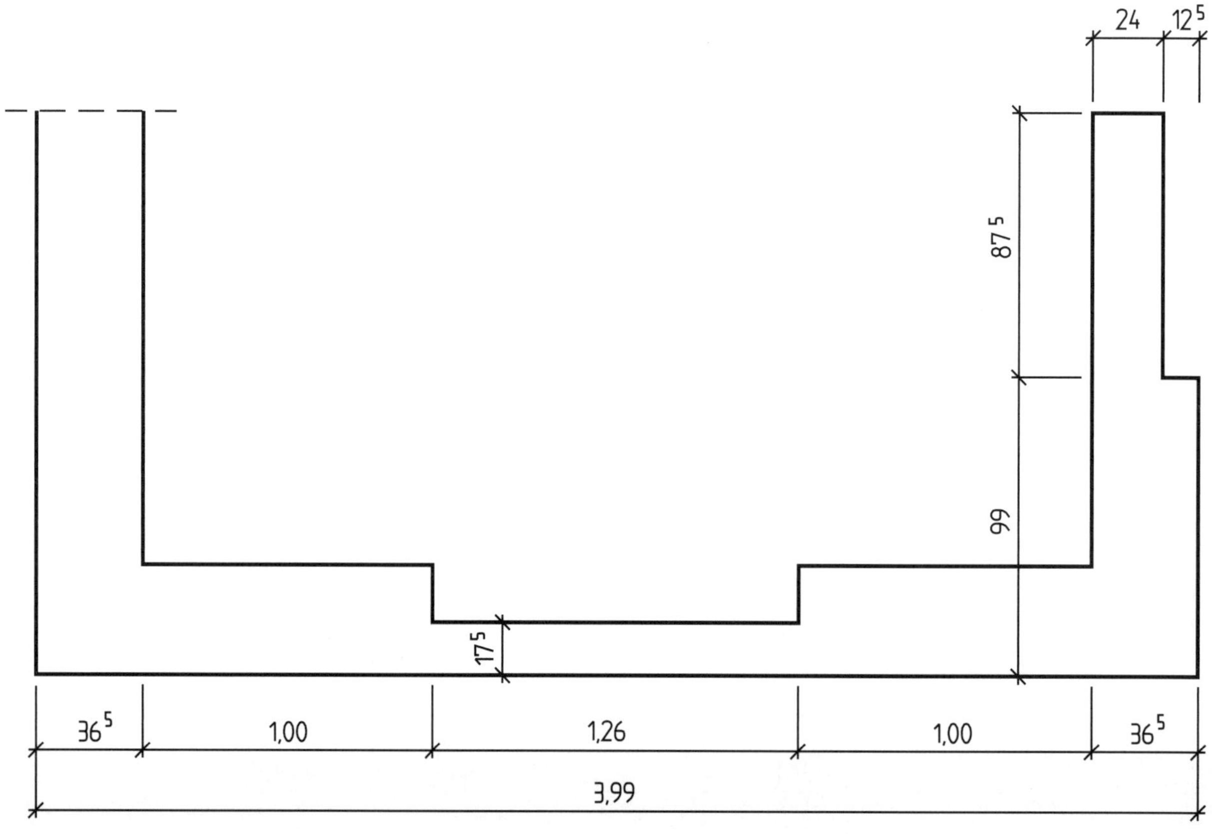

1. Schicht

Mauerverbände für großformatige Steine

Mauerverbände für großformatige Steine		Blatt-Nr.
Name:	Klasse:	Datum:

Aufgabe

Tragen Sie für den **Ausschnitt B** von dem Grundriss auf Seite 6 die 1. und 2. Schicht ein. Verwenden Sie die Formate 16 DF, 12 DF, 9 DF und Ziegelplatten 490×115×238 (für die 11,5 cm dicke Wand). Fugen brauchen nicht eingetragen zu werden.

Zeichnung Maßstab 1:25

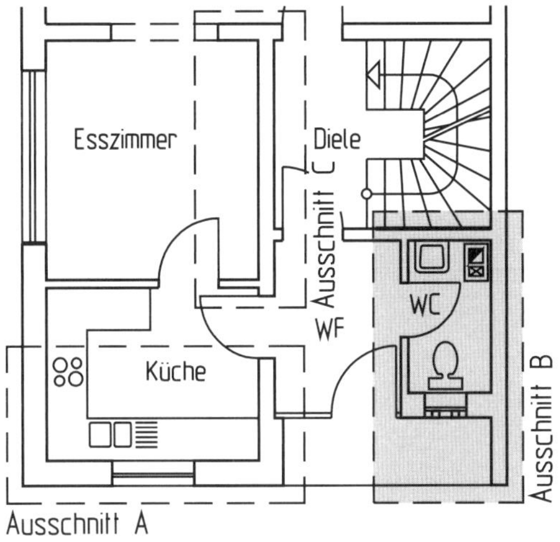

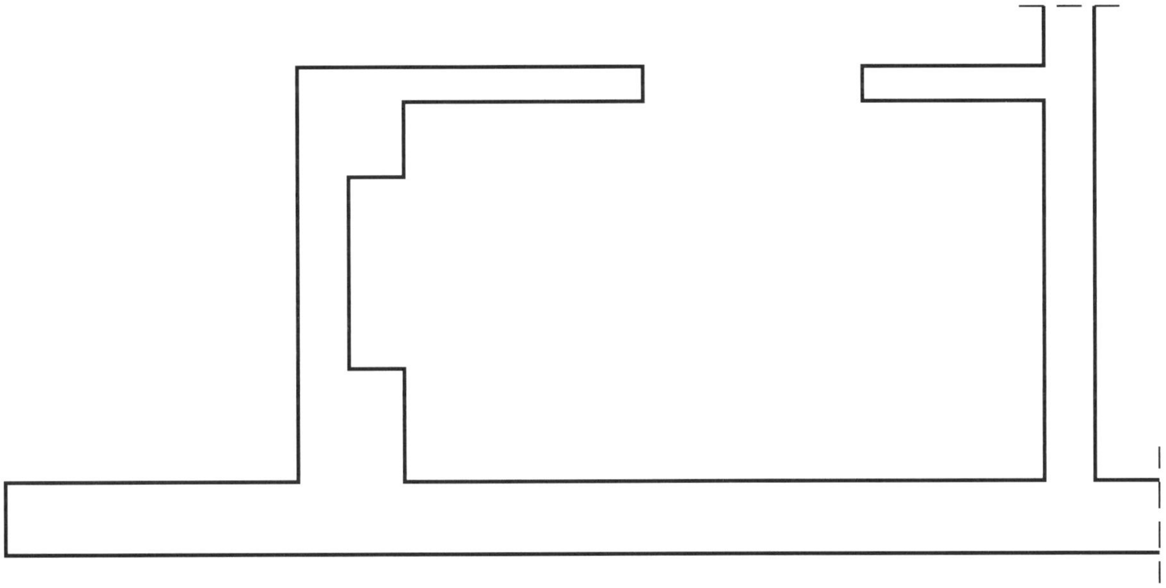

2. Schicht

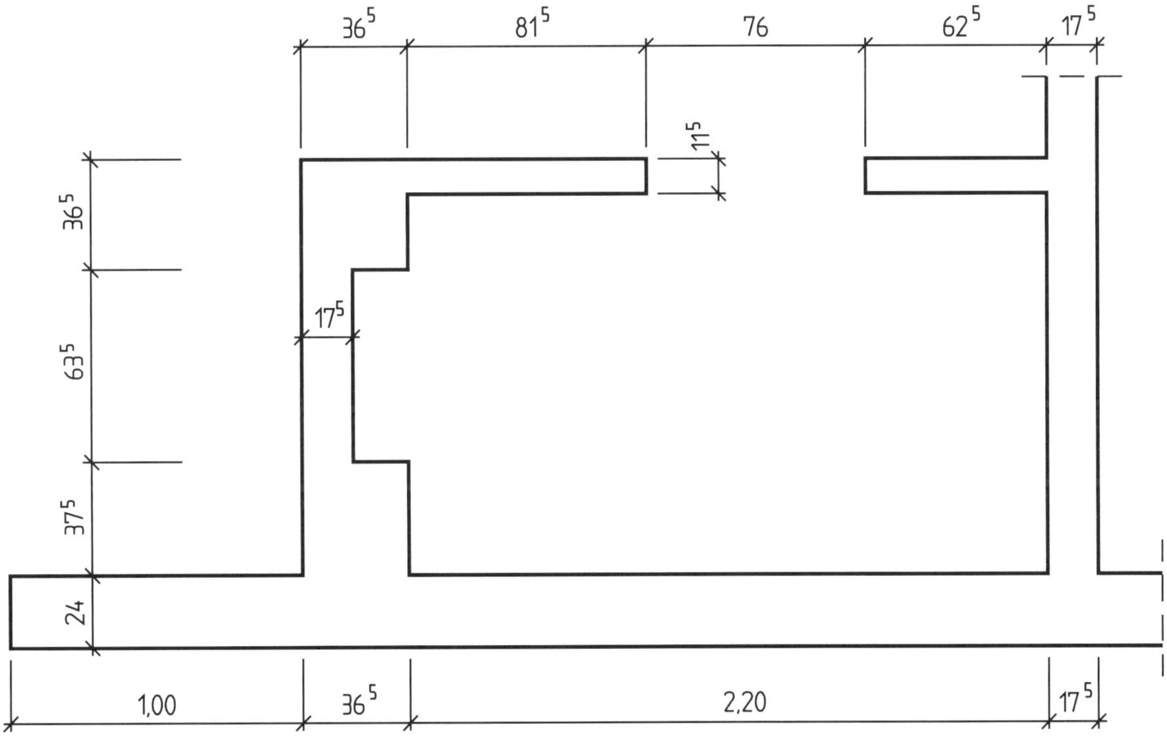

1. Schicht

Aufgabe

Tragen Sie für den **Ausschnitt C** von dem Grundriss auf Seite 6 die 1. und 2. Schicht ein. Verwenden Sie die Formate 16 DF, 9 DF und Ziegelplatten 490×115×238 (für die 11,5 cm dicke Wand). Fugen brauchen nicht eingetragen zu werden.

Zeichnung Maßstab 1:20

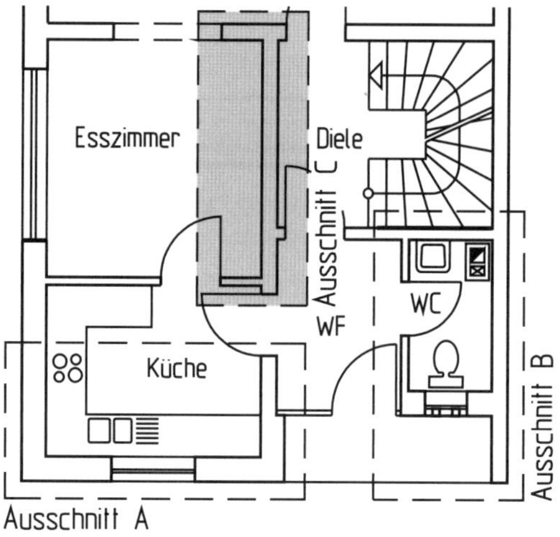

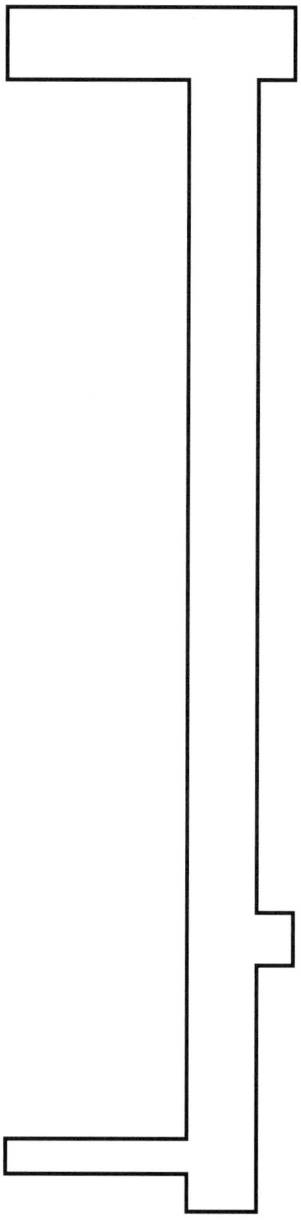

1. Schicht

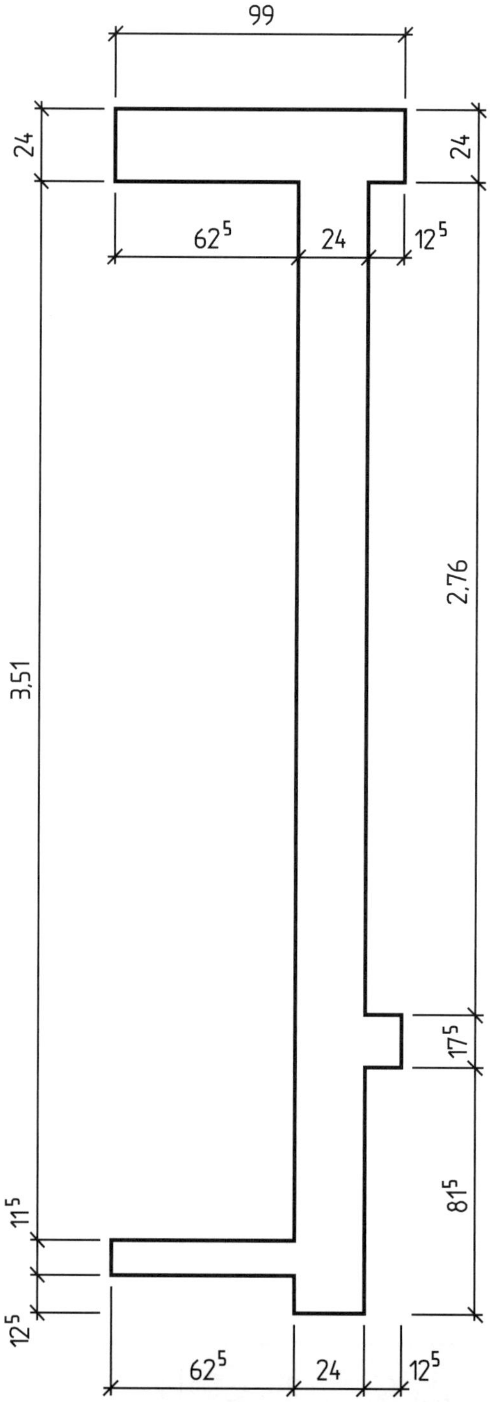

2. Schicht

Zweischaliges Mauerwerk mit Luftschicht

Blatt-Nr.

Name: Klasse: Datum:

Allgemeines

Zweischaliges Mauerwerk mit Luftschicht besteht aus der

- Außen- oder Verblendschale, die aus wetterbeständigen Werkstoffen bestehen muss,
- Luftschicht, die ein einwandfreies Zirkulieren der Luft ermöglichen muss,
- Innen-, Hintermauer- oder Tragschale, die statische Aufgaben übernimmt.

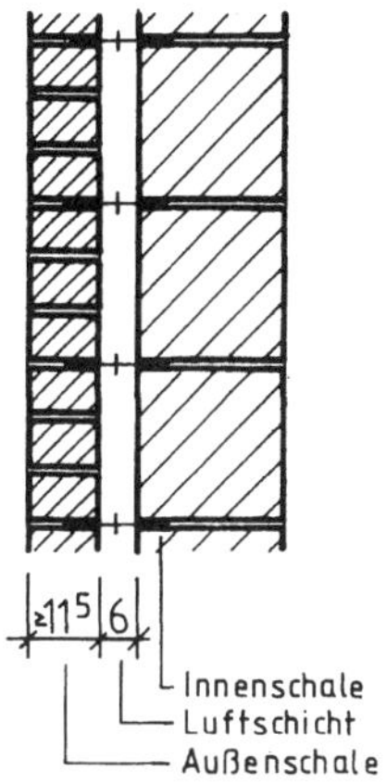

Regeln

Nachfolgend sind die wichtigsten Regeln zur Herstellung von zweischaligem Mauerwerk aufgeführt.

- Die Außenschale aus Mauerwerk muss mindestens 11,5 cm dick sein.
- Die Luftschicht soll 6 cm dick sein.
- Wird an der Außenseite der Innenschale eine Wärmedämmschicht angebracht, darf der lichte Abstand der Mauerwerksschalen 15 cm nicht überschreiten. Die Luftschicht muss in diesem Fall noch 4 cm dick sein.

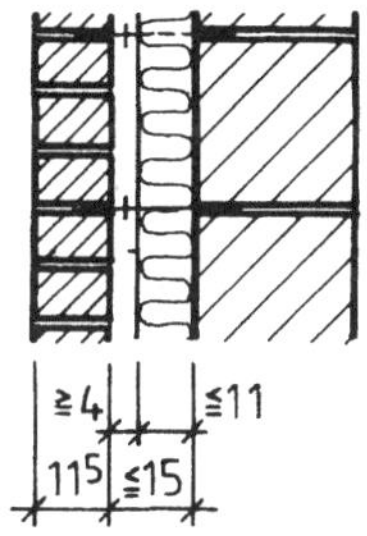

- Die Mauerwerksschalen sind auf jeden Quadratmeter durch mindestens 5 Drahtanker bei einem Luftzwischenraum von $\leq$ 6 cm mit einem Durchmesser von $\geq$ 3 mm,
  bei einem Luftzwischenraum von $\geq$ 7 cm mit einem Durchmesser von $\geq$ 4 mm
  zu verbinden.
  Der lotrechte Abstand der Drahtanker soll 25 cm, der waagerechte Abstand 75 cm betragen.

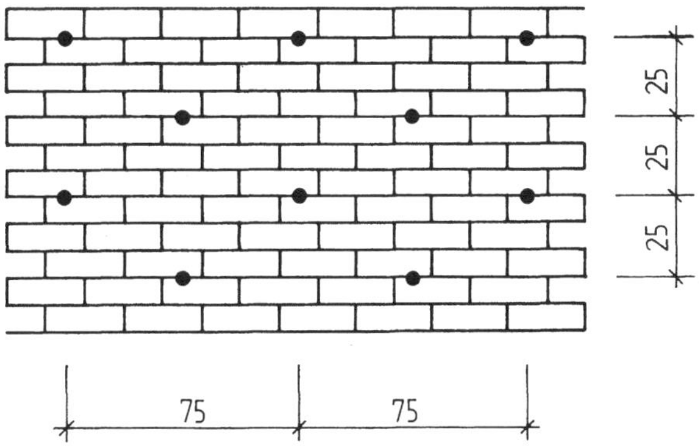

- Die Drahtanker müssen mindestens 5 cm auf den Schalen aufliegen.

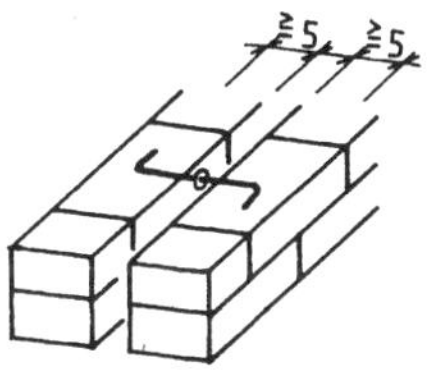

- Die Drahtanker müssen von Mörtelbrücken frei gehalten werden.
- An allen freien Rändern (z.B. Gebäudeecken, Öffnungen) sind zusätzlich mindestens 3 Drahtanker je Meter Randlänge anzuordnen.
- Beim Mauern ist der Fugenmörtel auch an der Hohlraumseite abzustreichen, damit die Luftzirkulation gewährleistet wird.
- In den Außenschalen sind jeweils unten und oben Lüftungsöffnungen (Lüftungssteine oder offene Stoßfugen) anzuordnen.

Aufgabe

Das Außenmauerwerk eines **Ferienhauses** wird zweischalig mit einer Luftschicht ausgeführt. Die tragende Schale wird aus 16 DF-Steinen, die Verblendschale mit NF-Steinen im Läuferverband ausgeführt. Tragen Sie in die Ansicht die notwendigen Anker ein.

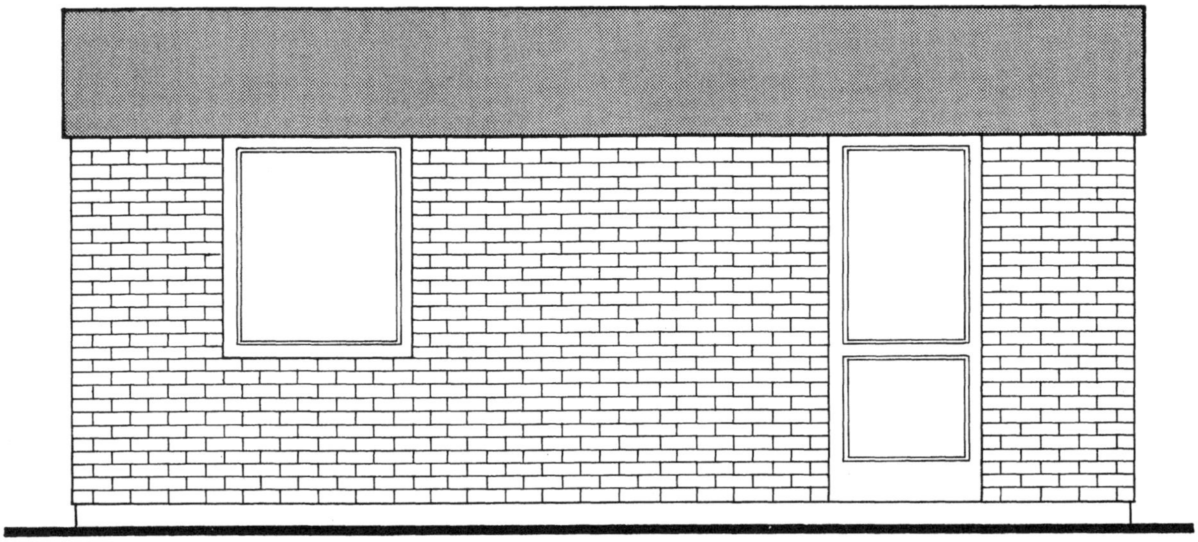

Ansicht Ostseite

Aufgabe

Das Außenmauerwerk eines **Einfamilienhauses** wird zweischalig mit einer Luftschicht ausgeführt. Die tragende Schale wird aus 16 DF-Steinen, die Verblendschale mit NF-Steinen im Läuferverband ausgeführt. Tragen Sie in die Ansicht die notwendigen Anker ein.

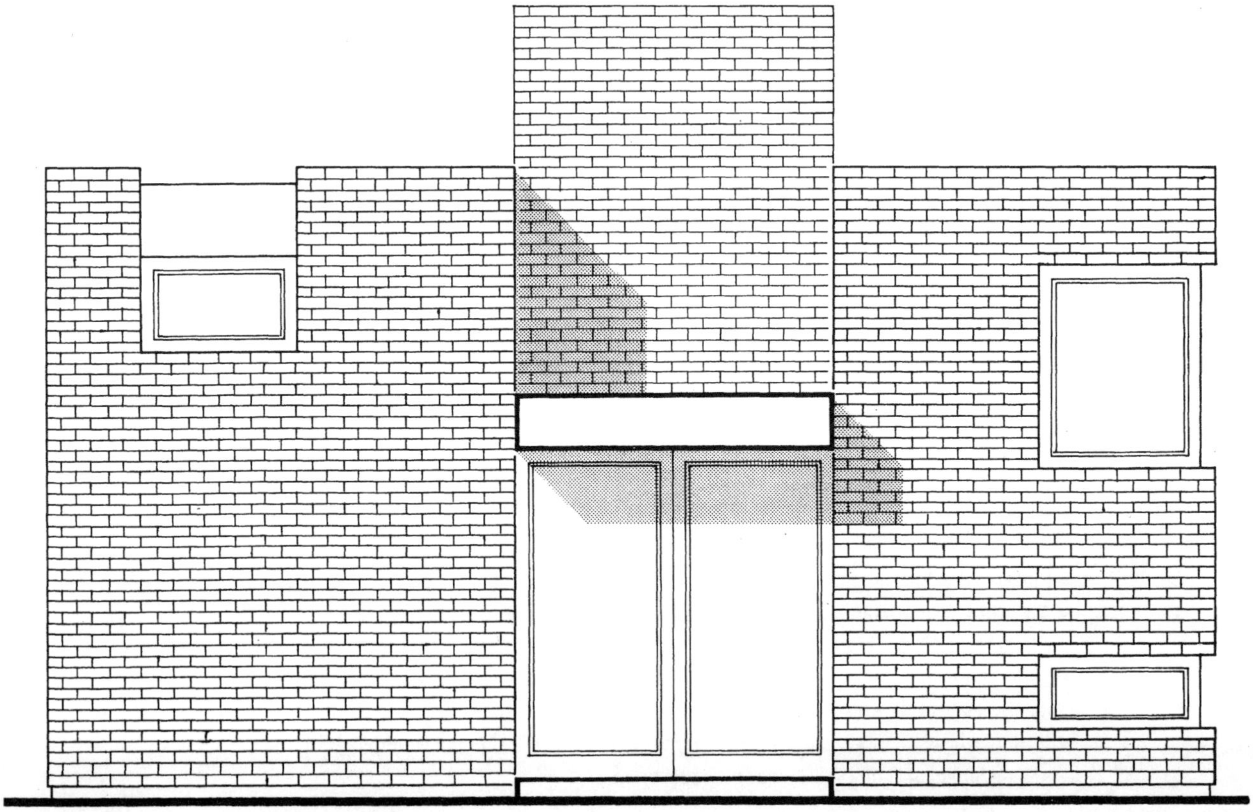

Ansicht Straßenseite

Mauerbögen

		Blatt-Nr.
Name:	Klasse:	Datum:

Allgemeines

Maueröffnungen können beim Ziegel- oder Natursteinmauerwerk mit waagerechten Stürzen (Stahlbeton oder Stahlträger) oder mit einem gemauerten Bogen abgedeckt werden. Stürze und Bögen haben die Aufgabe, die von oben kommenden Lasten aufzunehmen und auf die Wand zu übertragen. Um die einwandfreie Kraftübertragung zu gewährleisten, müssen beim Herstellen der Mauerbögen bestimmte Regeln beachtet werden.

Bezeichnung

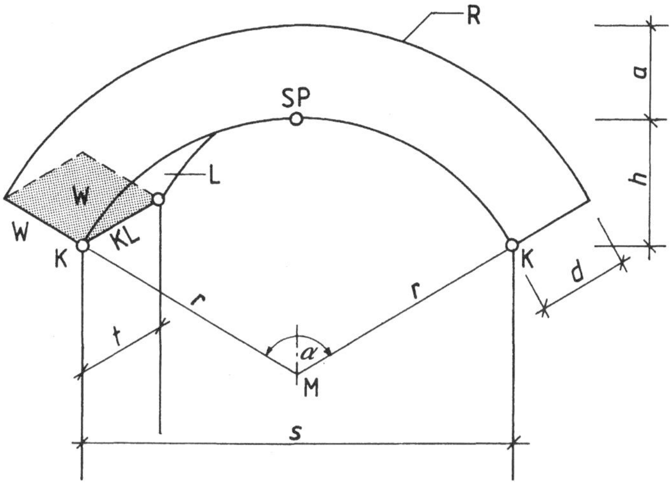

W Widerlager
K Kämpferpunkt
KL Kämpferlinie
SP Scheitelpunkt
R Bogenrücken
s Spannweite
h Stichhöhe
L Bogenlaibung
r Bogenhalbmesser
d Bogendicke
t Bogentiefe
α Zentriwinkel

Regeln

- Fugenstärke in der Bogenlaibung mindestens 0,5 cm bis 1,2 cm
  am Bogenrücken ≤ 2,0 cm
  Sollte am Bogenrücken die Fuge größer als 2 cm werden, muss man 2 Rollschichten mauern.

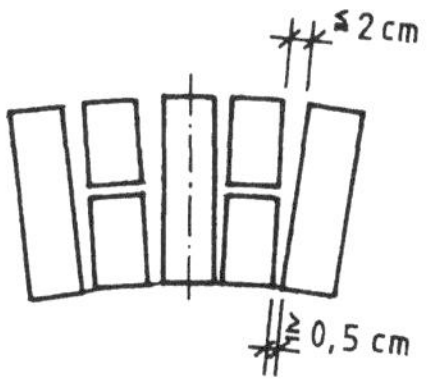

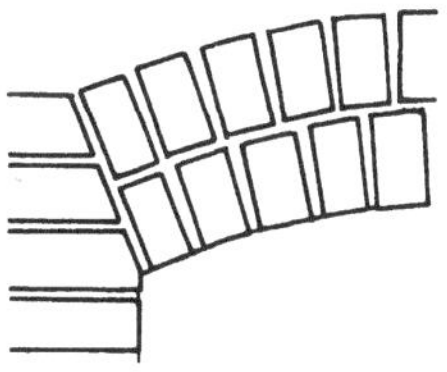

- Die Steinachsen müssen zum Bogenmittelpunkt eingefluchtet werden. Achtung: Korb- und Spitzbögen haben mehrere Mittelpunkte!
- Am Scheitelpunkt darf keine Fuge sein! Deshalb muss die Anzahl der Schichten ungerade sein, denn jeder Boden soll durch einen Schlussstein, auch „König" genannt, verspannt werden.
- Das Bogenwiderlager ist so anzusetzen, dass der Bogenrücken in einer Lagerfuge des anschließenden Mauerwerks ausläuft.
- Beim Mauern eines Bogens wird an beiden Widerlagern gleichzeitig begonnen, um eine einseitige Belastung des Lehrbogens zu vermeiden.

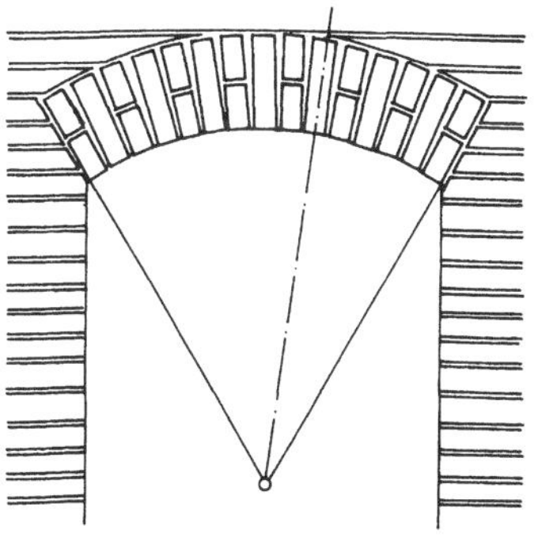

richtig

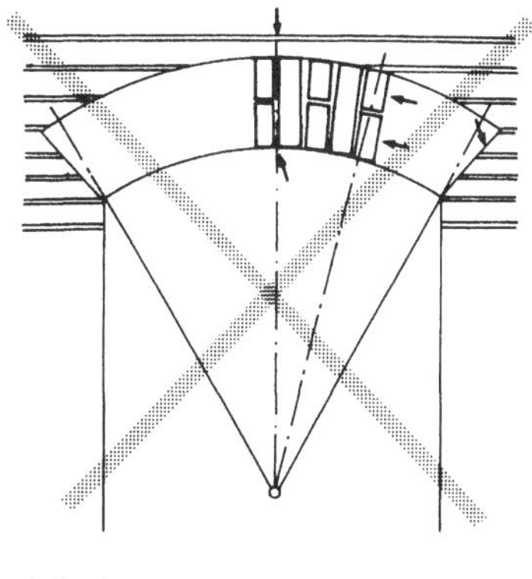

falsch

Fehler:
- Fuge durch den Scheitelpunkt,
- Steinachse nicht in der Flucht,
- Widerlager nicht in der Flucht,
- Bogenrücken läuft nicht in einer Lagerfuge aus.

Scheitrechter Bogen

Der scheitrechte Bogen hat eine sehr geringe Tragfähigkeit und wird deshalb nur für eine Spannweite bis 1,26 m gemauert.
Um ein Durchhängen des Bogens zu vermeiden, mauert man ihn mit einem Stich, der 1/50 bis 1/100 der Spannweite beträgt.
Die Neigung des Widerlagers darf höchstens 30° betragen.

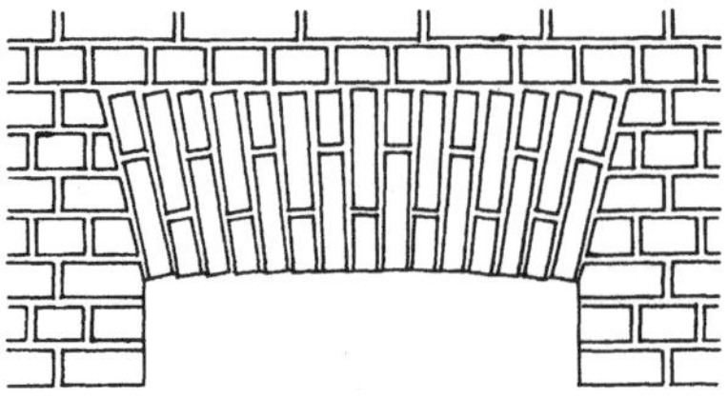

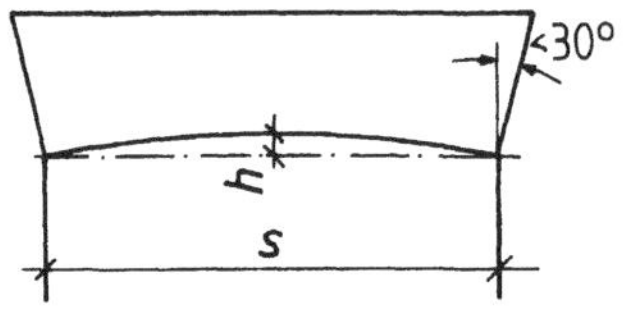

Segmentbogen

Im Allgemeinen sind bei der Aufgabe, einen Segmentbogen herzustellen, nur die Spannweite und die Stichhöhe bekannt,
Für die Ermittlung der Schichtenzahl und Fugendicke sind die Bogenleibungslänge und Bogenrückenlänge zu ermitteln.

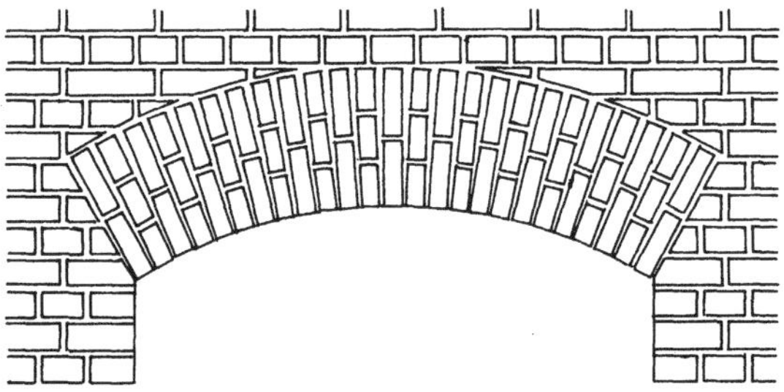

Möglichkeit 1: Berechnung der unbekannten Größen

$$r = \frac{h}{2} + \frac{s^2}{8h}$$

α, wenn eine bestimmte Höhe auszuführen ist:

Stichhöhe	$\frac{1}{6}s$	$\frac{1}{8}s$	$\frac{1}{10}s$	$\frac{1}{12}s$
α	74°	56°	45°	39°

bei anderen Stichhöhen über Winkelfunktion: $\sin\alpha = \frac{s}{r}$

$b = \frac{2 \cdot r \cdot \pi \cdot \alpha}{360}$ b = Bogenlänge

Möglichkeit 2: Wird auf der Baustelle angewendet.
- Aufreißen der Bogenkonstruktion,
- Herstellen des Lehrgerüstes,
- Abmessen der Bogenlänge am Lehrgerüst.

Um das Lehrgerüst herstellen zu können, muss der Kreismittelpunkt konstruiert werden.
- Strecke $\overline{KSP}$ halbieren, ergibt M auf der Mittelachse,
- Kreisbogen um M mit dem Radius $\overline{MK}$.

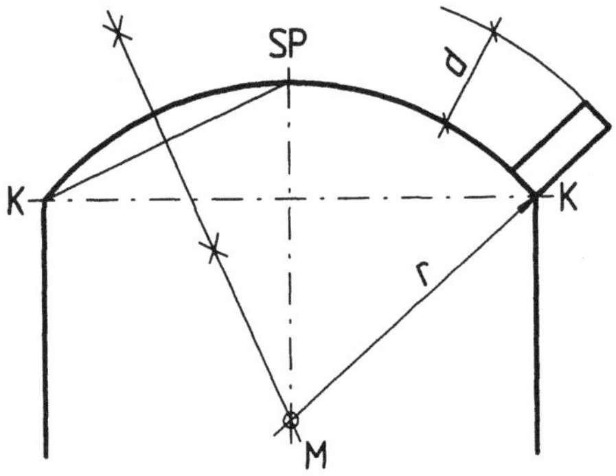

Spannweite von Bögen:

Bogenform	Bogendicke d in cm	Spannweite s in cm
Scheitrechter Bogen	24 36,5	90 130
Segmentbogen	24 36,5	130 160

Rundbogen

Die Höhe des Rundbogens entspricht der halbierten Spannweite.

Konstruktion, wenn nur die Spannweite gegeben ist:
- Strecke $\overline{K_1K_2}$ halbieren, ergibt M,
- Kreisbogen um M mit dem Radius $\overline{Mk_1} = \frac{s}{2}$.

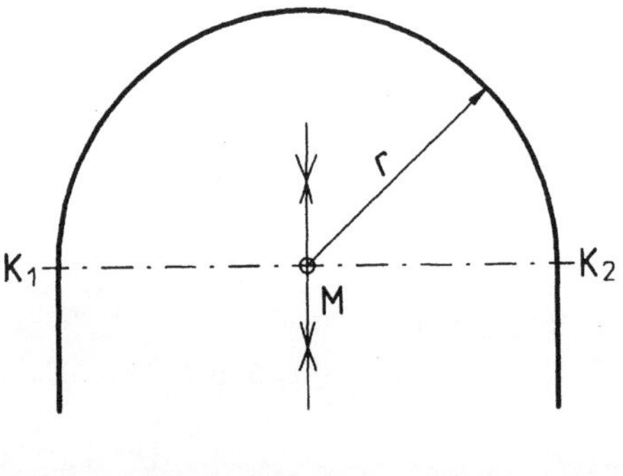

Mauerbögen (Fortsetzung)

Blatt-Nr.

Name: | Klasse: | Datum:

Parabelbogen

Der Parabelbogen ist eine seltene Bogenform, die heute kaum noch gemauert wird. Trotzdem soll seine Konstruktion hier beschrieben werden, da das Mauern im Zuge von Renovierungsarbeiten erforderlich werden kann.

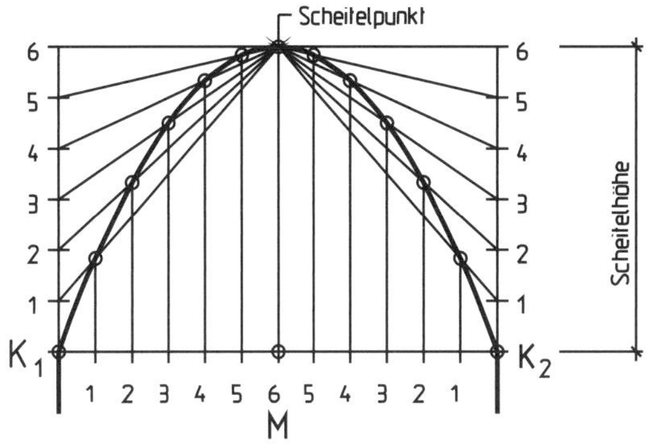

- Mittelpunkt M auf der Strecke $\overline{K_1K_2}$ festlegen.
- Mittelsenkrechte im Punkt M einzeichnen und die Scheitelhöhe (etwa 2/3 der Spannweite der Parabel) abtragen.
- In den Punkten K_1 und K_2 ebenfalls eine Senkrechte bis zur Scheitelhöhe einzeichnen.
- Die Senkrechte in den Punkten K_1 und K_2 in gleiche Teile teilen, z.B. 6 Teile.
- Die Strecke $\overline{K_1M}$ und $\overline{K_2M}$ in die gleiche Anzahl Teile teilen, hier ebenfalls 6 Teile.
- In den Teilungspunkten auf der Strecke $\overline{K_1K_2}$ Senkrechte errichten.
- Die Teilungspunkte der Senkrechten K_1 und K_2 mit dem Scheitelpunkt verbinden.
- Die sich mit den entsprechenden Verbindungslinien zum Scheitelpunkt ergebenden Schnittpunkte miteinander zur Parabel verbinden.

Steigender Bogen

Auch diese Bogenform (andere Bezeichnung *Einhüftiger Bogen*) kommt selten vor. Kennzeichen ist die unterschiedliche Höhenlage der Kämpferpunkte.

Gegeben: Öffnungsbreite s und Höhe des Kämpferpunktes K_2.

- In B Endlot zeichnen und K_2 abtragen.
- Kreisbogen um K_1 mit $r = (s + h)/2$ ergibt M_1.
- Senkrechte durch M_1.
- Parallele zu $\overline{M_1B}$ mit Abstand h ergibt M_2.
- Die Kreisbögen um M_1 mit $r_1 = \overline{K_1K_2}$ und um M_2 mit $r_2 = M_2K_2$ ergibt den steigenden Bogen.

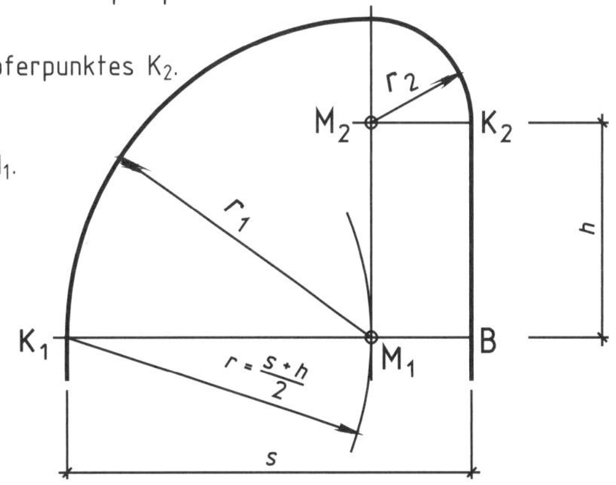

Mindestradien r von Bögen

Bogendicke d in cm	Steinhöhe b in cm			
	5,2	7,1	11,3	24
11,5	44	59	93	188
24	91	122	194	392
36,5	139	185	295	596

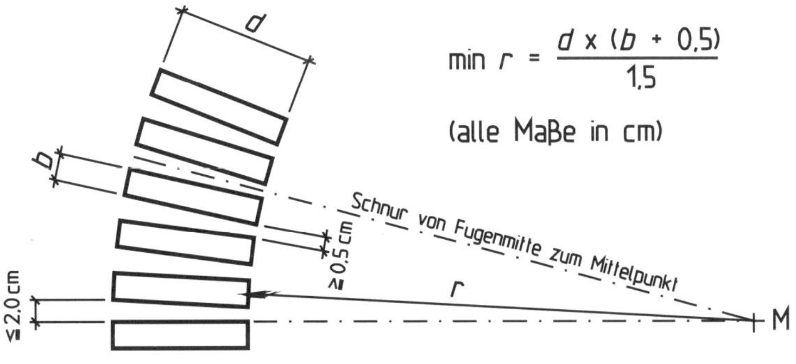

$$\min r = \frac{d \times (b + 0{,}5)}{1{,}5}$$

(alle Maße in cm)

Mauerbögen (Fortsetzung)

Blatt-Nr.

Name: Klasse: Datum:

Korbbögen

Auch beim Korbbogen gibt es meist nur wenige Angaben: Spannweite, Stichhöhe und Konstruktionsart. Man unterscheidet

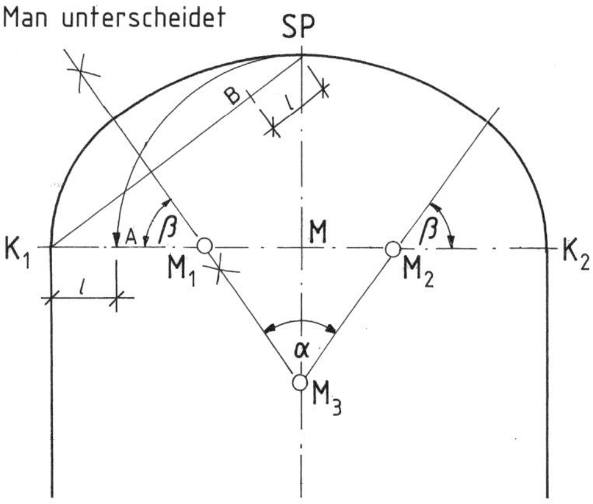

a) Korbbogen mit 3 Einstichpunkten
- Kreisbogen um M mit dem Radius $\overline{MSP}$ ergibt A auf der Horizontalachse.
- SP mir K_1 verbinden und *l* von SP aus abtragen, ergibt B.
- Strecke $\overline{K_1B}$ halbieren, ergibt M_1 und M_3.
- Strecke $\overline{MM_1}$ von M aus nach rechts abtragen, ergibt M_2.
- M_3 mit M_2 über M_2 hinaus verbinden.
- Die Punkte M_1 bis M_3 sind die Einstichpunkte für den Korbbogen.

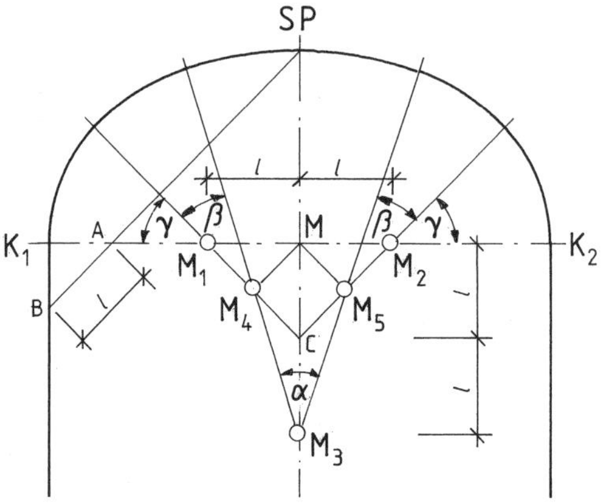

b) Korbbogen mit 5 Einstichpunkten
- In SP Winkel von 45° zur Mittelachse einzeichnen, ergibt A und B.
- Strecke $\overline{AB}$ = *l* von M aus auf der Horizontalachse nach rechts und links, auf der Mittelachse zweimal nach unten abtragen, ergibt M_1, M_2, M_3 und C.
- C mit M_1 über M_1 hinaus und mit M_2 über M_2 hinaus verbinden.
- von M aus Winkel unter 45° zur Achse nach beiden Seiten nach unten einzeichnen, ergibt M_4 und M_5.
- M_3 mit M_4 und M_5 über $M_{4,5}$ hinaus verbinden.
- Die Punkte M_1 und M_5 sind die Einstichpunkte für den Korbbogen.

Die Berechnung der Bogenrückenlänge ist ziemlich schwierig, da diese Bogenkonstruktion unterschiedliche Mittelpunkte und Zentriwinkel haben. Man berechnet auch hier die Anzahl der Schichten und Fugendicken nach dem Abmessen der Bogenlängen am Lehrgerüstbogen.

⇨ In den meisten Fällen sind in den äußeren Bogenbereichen (Winkel β und γ) die Fugen am Bogenrücken größer als 2 cm, sodass in diesen Bereichen 2 Rollschichten gemauert werden müssen.

Spitzbögen

Bei den Spitzbögen unterscheidet man 3 Konstruktionsarten:

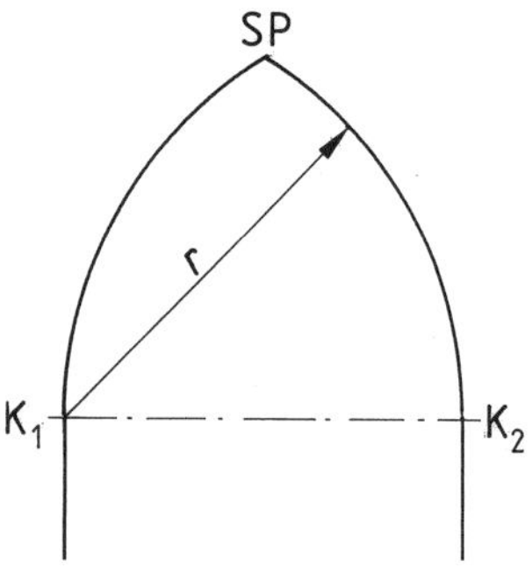

a) normal
- Kreisbogen um K_1 und K_2 mit dem Radius *r* (= *s*).

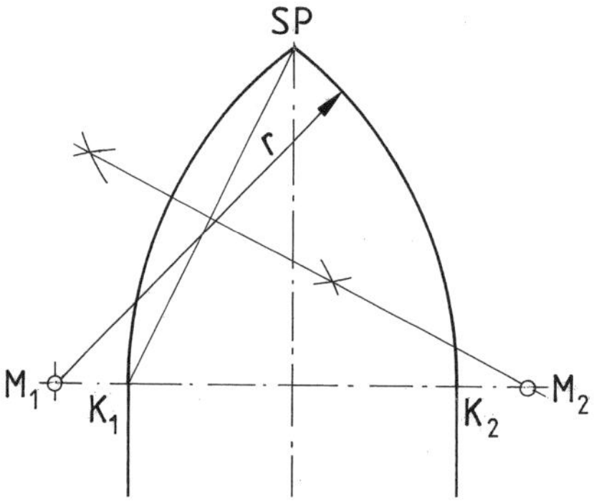

b) überhöht
- Strecke $\overline{K_1SP}$ halbieren, ergibt M_2 auf Horizontalachse.
- Kreisbogen um M_2 mit dem Radius $\overline{M_2K_1}$.
- Strecke $\overline{K_2M_2}$ von K_1 nach links abtragen, ergibt M_1.
- Kreisbogen um M_1 mit dem Radius $\overline{M_1K_2}$.

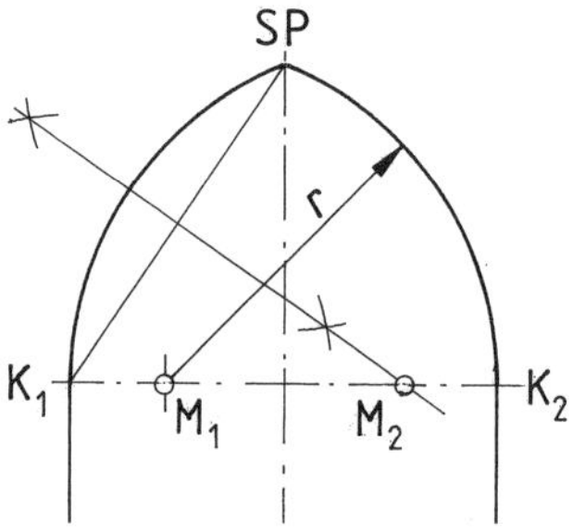

c) gedrückt
- Strecke $\overline{K_1SP}$ halbieren, ergibt M_2 auf Horizontalachse.
- Kreisbogen um M_2 mit dem Radius $\overline{M_2K_1}$.
- Strecke $\overline{K_2M_2}$ von K_1 nach rechts abtragen, ergibt M_1.
- Kreisbogen um M_1 mit dem Radius $\overline{M_1K_2}$.

Mauerbögen

Blatt-Nr.		
Name:	Klasse:	Datum:

Richtet man beim Mauern des Spitzbogens die Fugen nach den Mittelpunkten (beim normalen Spitzbogen K_1 und K_2, beim überhöhten und gedrückten Spitzbogen M_1, und M_2) aus, entsteht am Scheitelpunkt eine Fuge. Um dies zu vermeiden, besteht der Schlussstein meistens aus einem Werkstein.

ungünstig

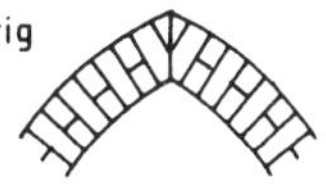

mit Werkstein

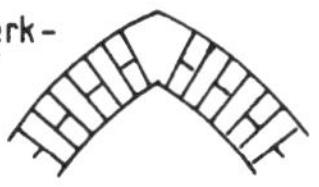

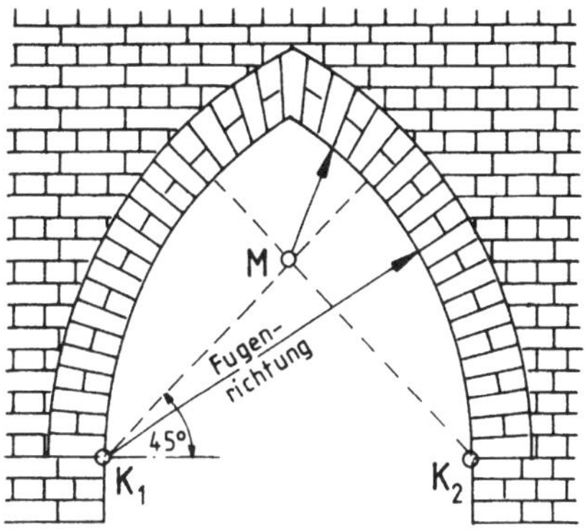

Soll jedoch kein Werkstein verwendet werden, so werden im oberen Drittel des Spitzbogens die Fugen zum Schnittpunkt M hin verzogen.

Berechnungen

Bogenlaibungslänge

$$b = \frac{2 \cdot r \cdot \pi \cdot \alpha}{360}$$ → beim Segment-, Korb-, Spitzbogen

$$b = \frac{s \cdot \pi}{2}$$ → beim Rundbogen

Beispiel Segmentbogen

geg.: s = 1,385 m h = 1/12 s b = 24 cm, NF

$$r = \frac{s^2}{8 \cdot h} + \frac{h}{2} = \frac{138{,}5^2}{8 \cdot 11{,}5} + \frac{11{,}5}{2} = 214{,}3 \text{ cm}$$

α nach Tabelle Seite 60 → 39°

$$b = \frac{2 \cdot 214{,}3 \cdot 3{,}14 \cdot 39}{360} = \underline{148{,}5 \text{ cm}}$$

Beispiel Rundbogen

geg.: s = 1,51 m b = 24 cm, NF

$$b = \frac{151 \cdot 3{,}14}{2} = \underline{\underline{237{,}1 \text{ cm}}}$$

Bogenrückenlänge

$$b_R = \frac{2 \cdot \pi \cdot (r + \text{Bogendicke}) \cdot \alpha}{360}$$

Beispiel Segmentbogen

$$b_R = \frac{2 \cdot 314 \cdot (214{,}3 + 24) \cdot 39}{360}$$

b_R = 162,1 cm

Beispiel Rundbogen

$$b_R = \frac{(151 + 2 \cdot 24) \cdot 3{,}14}{2}$$

b_R = 312,4 cm

Schichtenzahl

$$n = \frac{\text{Bogenlaibungslänge} - \text{Fuge}}{\text{Steinmaß} + \text{Fuge}}$$

Beispiel Segmentbogen

$$n = \frac{145{,}8 - 0{,}5}{7{,}1 + 0{,}5}$$

n = 19,1 → 19 Schichten

Beispiel Rundbogen

$$n = \frac{237{,}1 - 0{,}5}{7{,}1 + 0{,}5}$$

n = 31,2 → 31 Schichten

⇨ Erhält man als Ergebnis eine gerade Anzahl Schichten, wird die nächst kleinere oder größere ungerade Zahl gewählt, da man sonst am Scheitelpunkt eine Fuge erhalten würde.

Fugendicke

$$d = \frac{\text{Bogenlaibungslänge} - \text{Schichtenzahl} \cdot \text{Steinmaß}}{\text{Schichtenzahl} + 1}$$

Beispiel Segmentbogen

$$d = \frac{145{,}8 - 19 \cdot 7{,}1}{19 + 1}$$

d = 0,5 cm (Bogenlaibung)

$$d = \frac{162{,}1 - 19 \cdot 7{,}1}{19 + 1}$$

d = 1,4 cm < 2,0 cm (Bogenrücken)

Beispiel Rundbogen

$$d = \frac{237{,}1 - 31 \cdot 7{,}1}{31 + 1}$$

d = 0,53 cm > 0,5 cm (Bogenlaibung)

$$d = \frac{312{,}4 - 31 \cdot 7{,}1}{31 + 1}$$

d = 2,88 cm > 2,0 cm (Bogenrücken)

Dieser Rundbogenbogen muss mit 2 Rollschichten gemauert werden, um eine Fugenstärke am Bogenrücken von ≤ 2 cm zu erreichen.

⇨ Auf die Berechnungen bei Korb- und Spitzbögen wird hier verzichtet, da die Berechnungen zu kompliziert sind und in der Praxis die Maße am Lehrgerüst (Maßstab 1:1) abgemessen werden.

Aufgabe

a) Berechnen Sie die Schichtenzahl und überprüfen Sie die Fugendicken für den Segmentbogen.

b) Zeichnen Sie einen Segmentbogen mit einer Spannweite von 1,26 m im Maßstab 1:10.

Gegeben: s = 1,26 m

$h = \frac{1}{8}$ s

a = 24 cm aus NF-Steinen, α = 56°

Berechnungen

Mauerbögen: Regeln zum Herstellen

Blatt-Nr.

Name: Klasse: Datum:

Beim Mauern von Bögen sind folgende Regeln zu beachten:

1. Das Mauern eines Bogens muss sorgfältig geplant und vorbereitet werden. Dies beginnt schon beim Anlegen der Wand und Maueröffnung. Beginnt der Bogen z. B. am Widerlager mit einem Binder, so sollte die Schicht am Widerlager eine Läuferschicht sein. Nur beim scheitrechten Bogen und Segmentbogen spielt dies keine Rolle.
2. Die Steinvorderkanten (Schichten) sind sorgfältig auf der Bogenlehre anzuzeichnen.
3. Die Stützen der Bogenlehre sind immer auf Doppelkeile zu stellen, damit der Bogen beim Ausschalen nicht durch Anheben oder Erschütterungen gelockert wird. Beim Lösen der Keile muss sich die Bogenlehre von selbst senken. Aus diesem Grund darf auch die Bogenlehre nicht in die Mauer gepresst werden, sondern sollte 1,2 mm Luft haben.
4. Zum Ausrichten der Steine gibt es zwei Möglichkeiten:
   a) Die Schnur wird am Bogenmittelpunkt befestigt. Sie muss in Steinmitte angehalten werden und der Stein muss nach Augenmaß ausgerichtet werden. Sehr ungenau!
   b) Im Bogenmittelpunkt wird eine Rolle, Ø = Steinhöhe, befestigt. Statt der Rolle kann auch ein Kreis mit dem gleichen Durchmesser mit Nägeln dargestellt werden. Die Schnur wird nun über die Rolle bzw. die Nägel geführt und an die Markierung an der Bogenlehre gehalten. Nun kann der Stein mit seiner Vorderkante genau ausgerichtet werden.
   Das Widerlager bei Segmentbögen kann ebenfalls durch diese Methode genau bestimmt werden.
5. Es muss von beiden Widerlagern gleichmäßig zur Mitte (Schlussstein) gemauert werden.
6. Der Schlussstein (König) muss genau senkrecht sein.
7. Vollfugig mauern, damit der Bogen seine Tragfähigkeit erreicht.
8. Um Risse zu vermeiden, sollte die Bogenlehre nach Ansteifen des Mörtels, bei stark saugenden Steinen spätestens nach einer Stunde, abgesenkt werden. Dadurch wird der Mörtel in den Fugen unter Druck gesetzt und eine Rissbildung vermieden.

Ausrichten nach Punkt 4a)

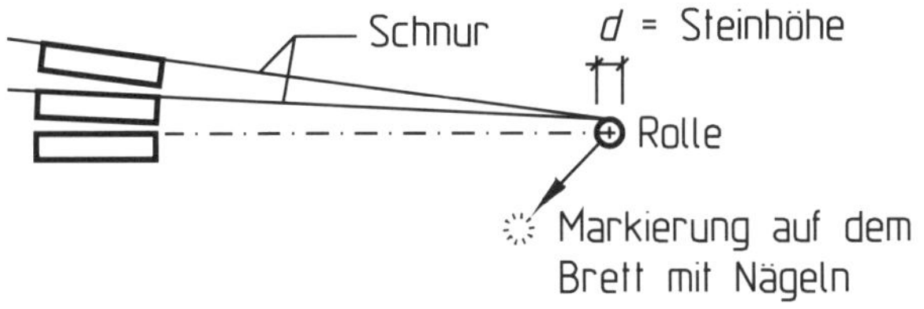

Ausrichten nach Punkt 4b)

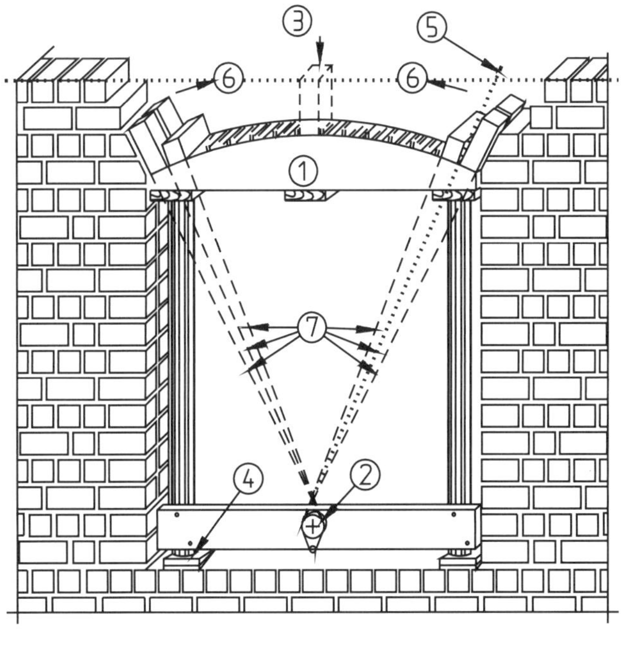

① Bogenlehre mit Schichteinteilung
② Rolle mit Durchmesser gleich Steinhöhe (-breite), befestigt im Bogenmittelpunkt
③ Im Scheitelpunkt aufgestellter Stein zum Einrichten der Bogenlehre nach der Fluchtschnur des Mauerwerks
④ Doppelkeile zum Einrichten der Bogenlehre
⑤ Schnur, an einem Nagel unterhalb der Rolle geführt, zeigt die Neigung der Widerlager und der Steinvorderkanten
⑥ Von beiden Widerlagern aus wird möglichst gleichmäßig zum Scheitel des Bogens hin gemauert
⑦ Richtung der Schnur während des Mauerns

Einrichten der Bogenlehre und Mauern des Flachbogens

Aufgabe

Zeichnen Sie (im Querformat) einen Korbbogen mit 5 Einstichpunkten im Maßstab 1:10.

Angaben: An der Bogenlaibung sind 31 Schichten erforderlich (NF). In den äußeren Bereichen (Winkel $\beta + \gamma$) müssen 2 Rollschichten vorgesehen werden.

s = 1,76 m

$h = \frac{1}{3}$ s

Mauerwerk in der Ansicht: Blockverband aus NF-Steinen

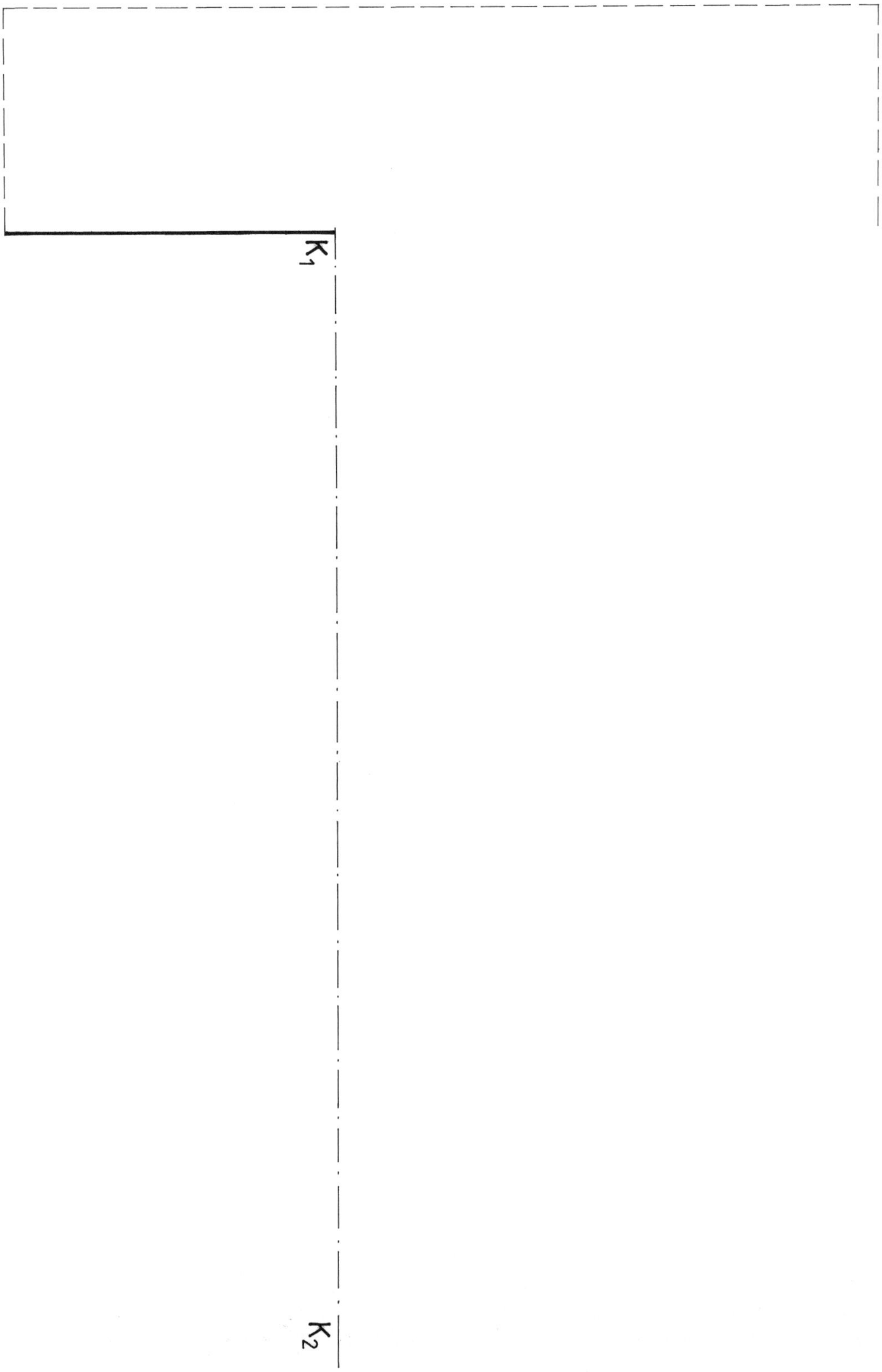

Mauerbögen

Blatt-Nr.

Name: Klasse: Datum:

Aufgabe a) Berechnen Sie die Schichtenzahl und überprüfen Sie die Fugendicken für den <u>Rundbogen</u>.

b) Zeichnen sie einen Rundbogen mit einer Spannweite von 1,51 m im Maßstab 1:10.

Angaben: s = 1,51 m

a = 24 cm, NF-Steine

Mauerwerk in der Ansicht: Kreuzverband aus NF-Steinen

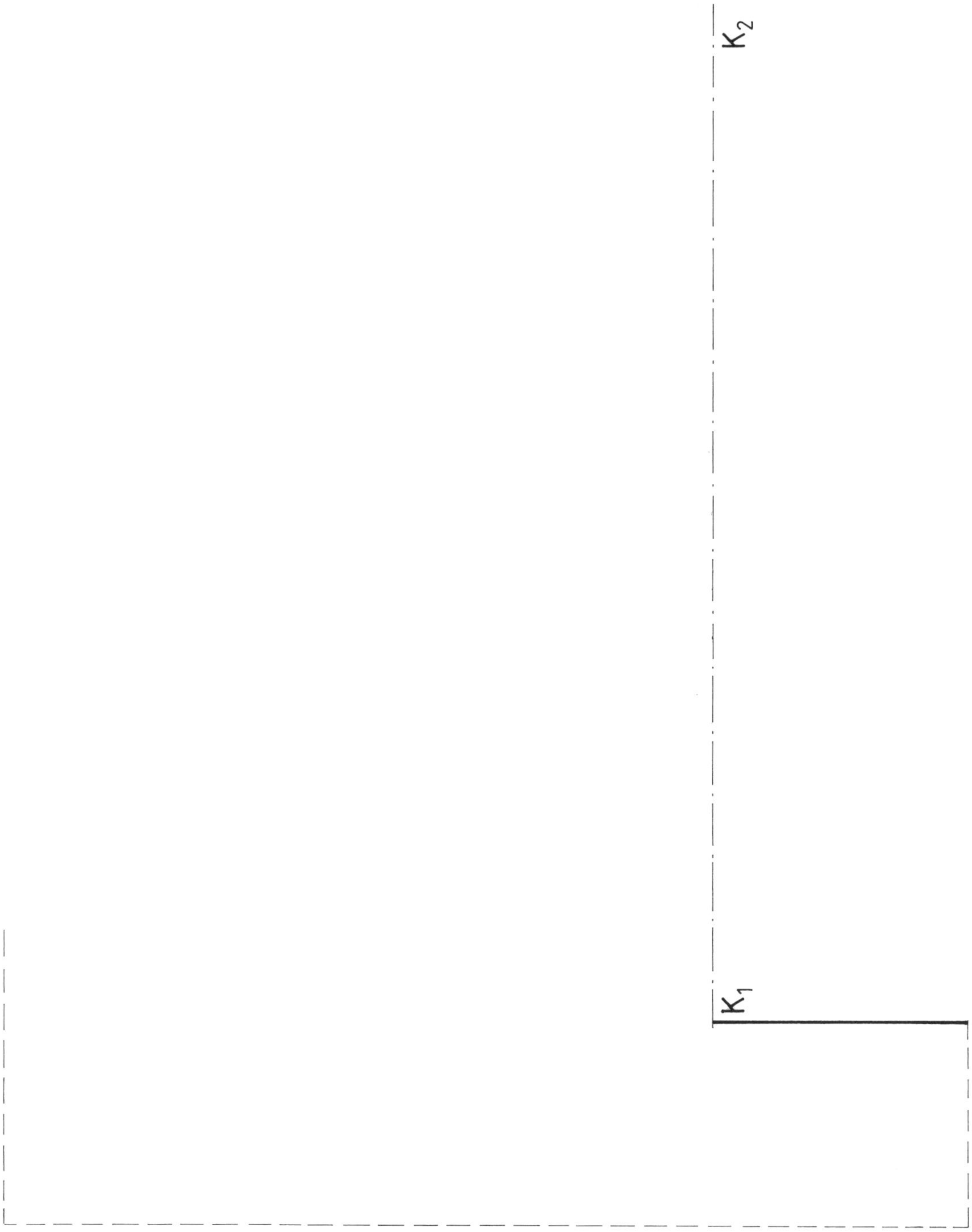

Aufgabe

a) Berechnen Sie die Schichtenzahl und überprüfen Sie die Fugendicken für den <u>Spitzbogen</u> (normal).

b) Zeichnen Sie einen Spitzbogen mit einer Spannweite von 1,135 m im Maßstab 1:10.

Angaben: s = 1,135 m

a = 24 cm mit NF-Steinen, α = 60°

Mauerwerk in der Ansicht: Zierverband nach Wahl aus NF-Steinen

Hinweis: Bogenlaibungslänge: Die Berechnung nach der Formel gilt von K_1 bis SP bzw. von K_2 bis SP.

Fugendicke am Bogenrücken nur im Bereich von 45° berechnen.

Gemischte Übungen

Blatt-Nr.

Name: | Klasse: | Datum:

Aufgabe

Tragen Sie jeweils die 1. und 2. Schicht als Blockverband mit NF-Steinen ein.

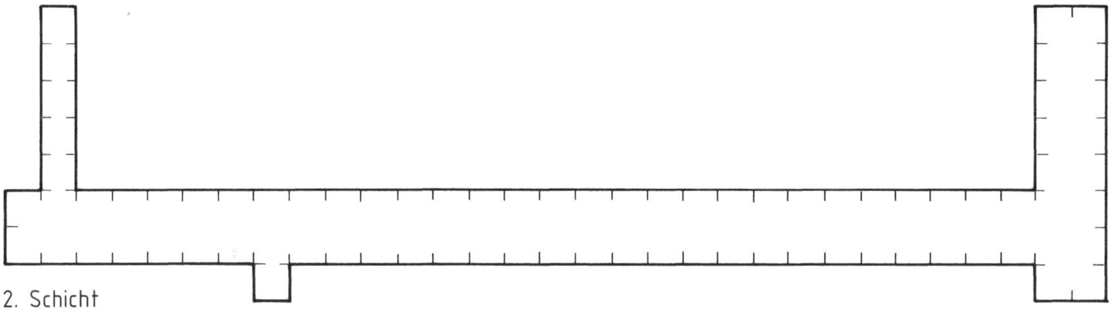

2. Schicht

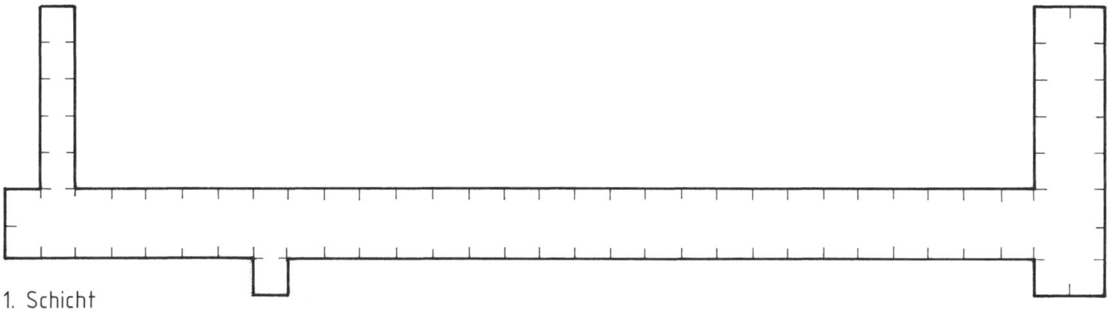

1. Schicht

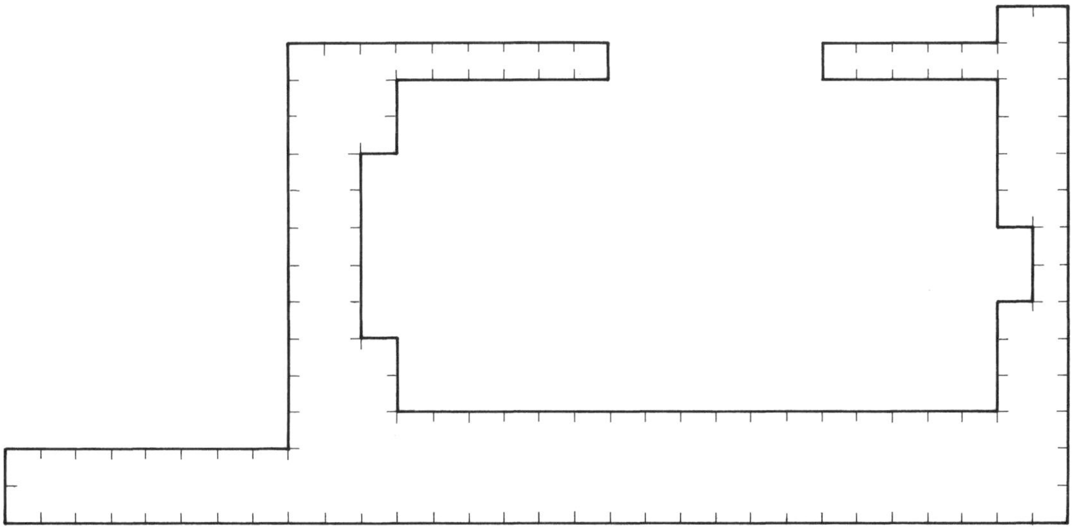

2. Schicht

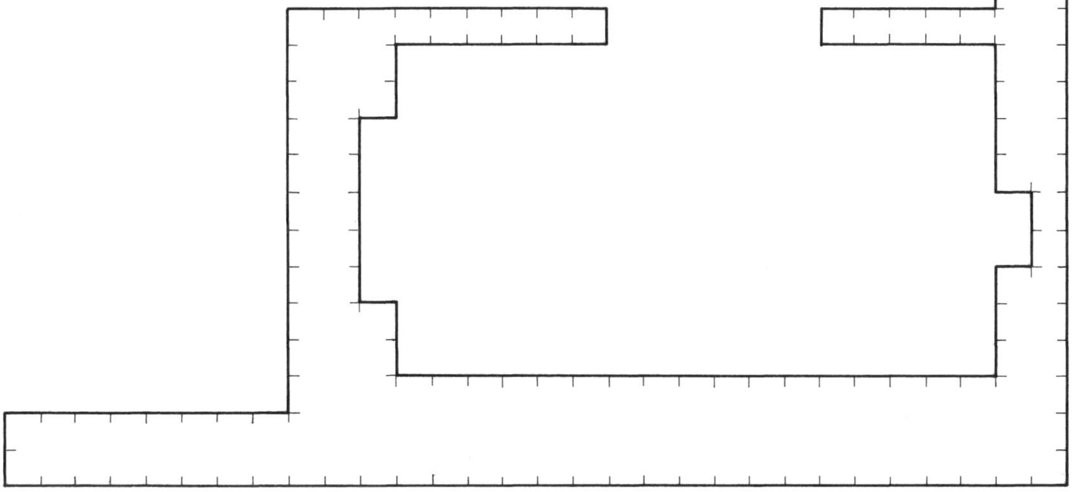

1. Schicht

Aufgabe

Tragen Sie jeweils die 1. und 2. Schicht als Blockverband mit NF-Steinen ein.

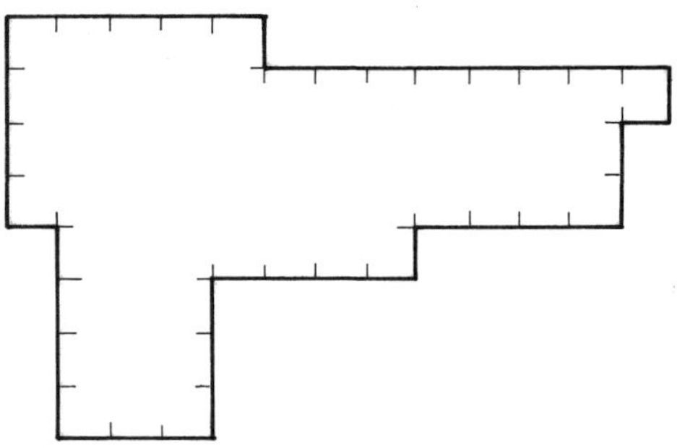

2. Schicht

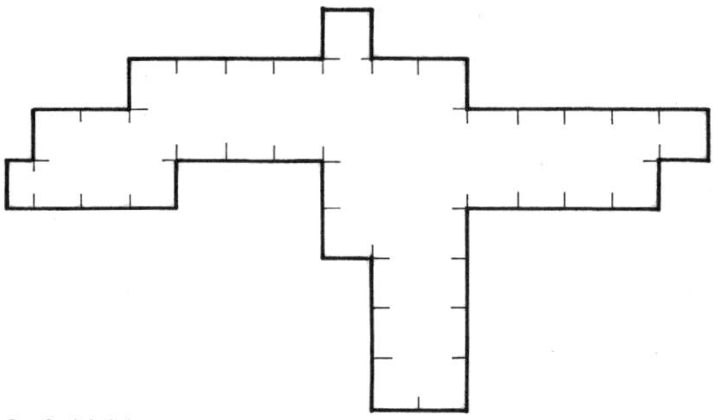

2. Schicht

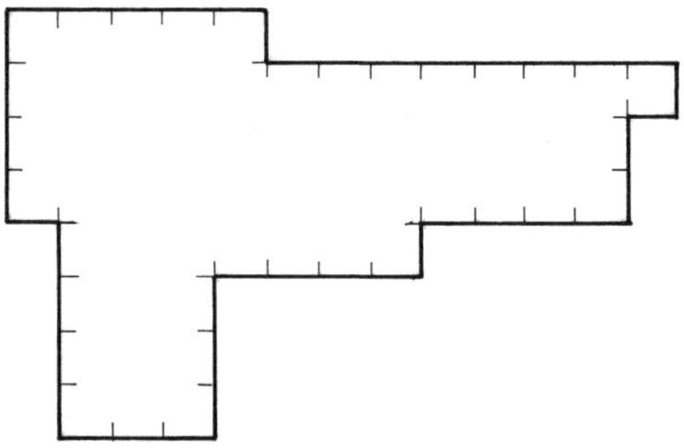

1. Schicht

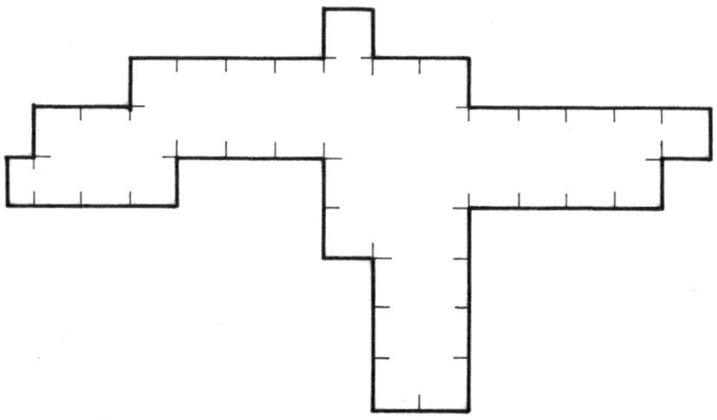

1. Schicht

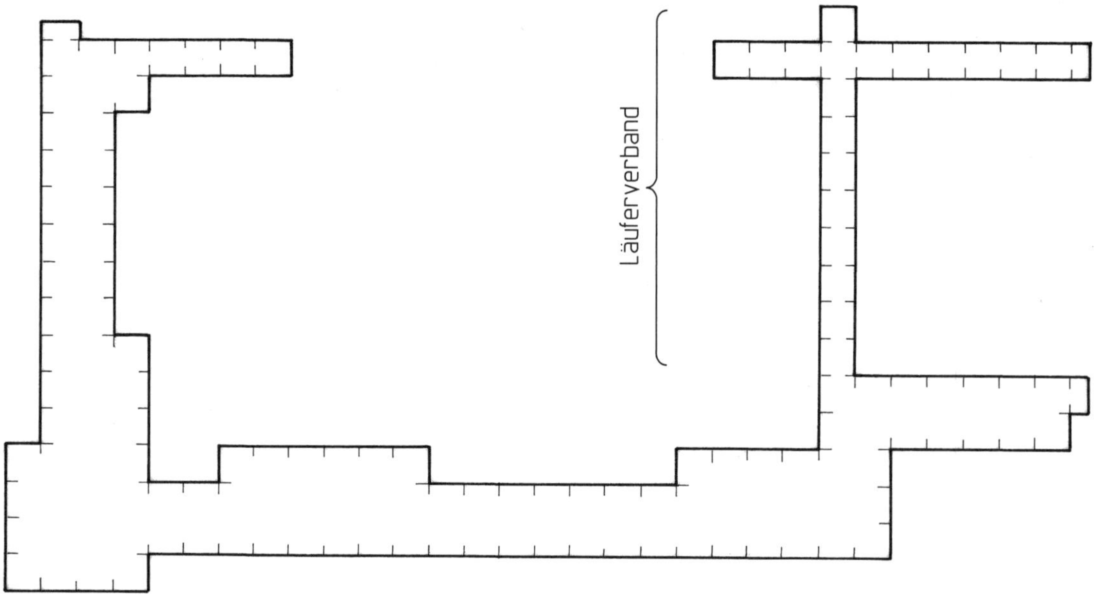

2.Schicht

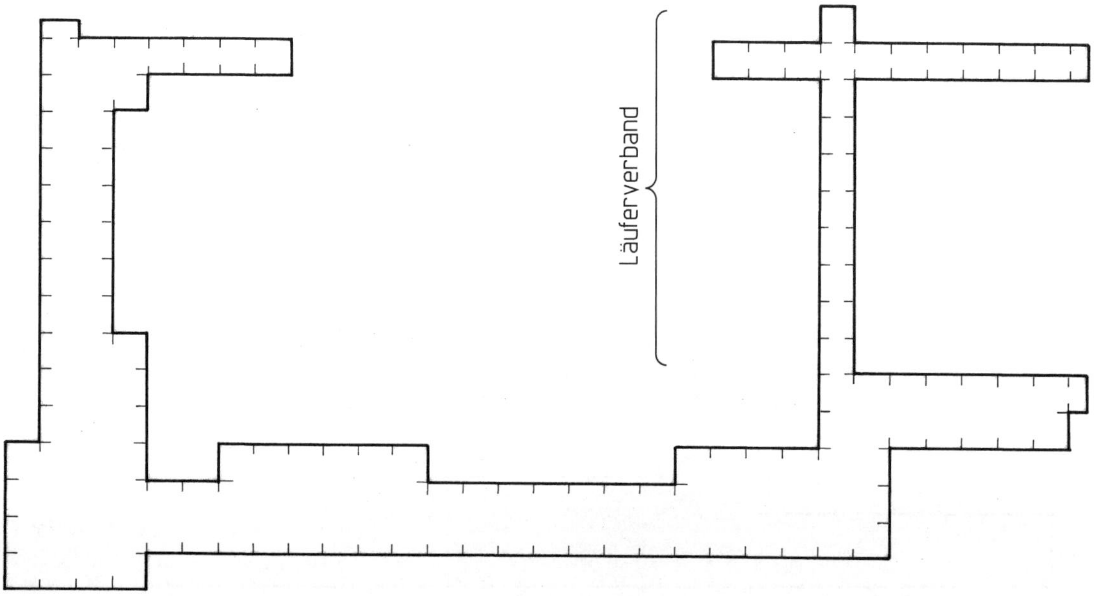

1. Schicht